"高等院校光电专业实验系列教材"编委会

主　任：钟丽云

委　员：（以姓氏笔画为序）

韦中超　刘宏展　刘胜德　张　准　罗爱平

郭健平　崔　虎　戴峭峰　魏正军

高等院校光电专业实验系列教材

Optical communication and Automation

光通信与自动控制
实验

主　编　郭健平　钟丽云
副主编　崔　虎　魏正军

暨南大學出版社
JINAN UNIVERSITY PRESS

中国·广州

图书在版编目（CIP）数据

光通信与自动控制实验 / 郭健平，钟丽云主编；崔虎，魏正军副主编. —广州：暨南大学出版社，2017.6
（高等院校光电专业实验系列教材）
ISBN 978 - 7 - 5668 - 2130 - 0

Ⅰ. ①光…　Ⅱ. ①郭…②钟…③崔…④魏…　Ⅲ. ①光通信—实验—高等学校—教材
Ⅳ. ①TN929. 1 - 33

中国版本图书馆 CIP 数据核字（2017）第 130772 号

光通信与自动控制实验
GUANGTONGXIN YU ZIDONG KONGZHI SHIYAN
主　编：郭健平　钟丽云　副主编：崔　虎　魏正军
··

出 版 人：徐义雄
责任编辑：潘雅琴　崔思远
责任校对：周海燕
责任印制：汤慧君　周一丹

出版发行：暨南大学出版社（510630）
电　　话：总编室（8620）85221601
　　　　　营销部（8620）85225284　85228291　85228292（邮购）
传　　真：（8620）85221583（办公室）　85223774（营销部）
网　　址：http：//www.jnupress.com
排　　版：广州良弓广告有限公司
印　　刷：佛山市浩文彩色印刷有限公司
开　　本：787mm×1092mm　1/16
印　　张：11
字　　数：248 千
版　　次：2017 年 6 月第 1 版
印　　次：2017 年 6 月第 1 次
定　　价：35.00 元

（暨大版图书如有印装质量问题，请与出版社总编室联系调换）

序

光电信息产业是 21 世纪国家重点支持的战略性产业。为适应光电信息产业发展对人才培养的需求，许多高校都设置了与光电信息产业密切相关的光电信息科学与工程、信息工程、电子信息工程、通信工程、电子科学与技术等本科专业，建立了光电信息实验教学平台，正因如此，对相应实验教材的需求也在不断扩大。

广东省光电信息实验教学示范中心（以下简称"中心"）依托华南师范大学光学国家重点学科和信息光电子科技学院，采用"光电信息学科大类"和"光电子勤勤卓越创新人才"培养模式，旨在培养科学研究型、研发应用型和工程应用型光电信息创新人才。

经过十几年的艰苦创业和稳步发展，中心已经成为一个学科依托厚实、教学理念明确、课程体系完善、仪器设备齐全、实验内容丰富、教学方法有效、教学团队精干、管理机制科学、专业特色突出、创新人才培养效果显著的光电信息创新人才实验能力培养基地，并编写出这套"高等院校光电专业实验系列教材"。

该套光电专业实验系列教材的内容以基础性实验项目为主，将综合性和设计性实验项目融会贯通。教材实验内容层次分明，以满足不同层次学生的实验教学需求；教材实验内容丰富，许多项目设计来自现实中的工程，以满足新兴光电信息产业发展对人才培养的实验教学需求。全套教材共有三个分册，每个分册都包含基础性实验、综合性实验和设计性实验三个部分，供光电信息科学与工程、信息工程、电子信息工程、通信工程、电子科学与技术等专业的本科学生使用，难易程度以及对实验设备的需求与现阶段光电产业的发展相适应。第一分册是《光学实验》，主要围绕工程光学、信息光学、激光原理等课程的基础实验和创新设计等内容编写；第二分册是《光电及电子技术实验》，主要围绕数字电路、模拟电子技术和光电技术等课程的基础实验和光电系统设计等内容编写；第三分册是《光通信与自动控制实验》，主要围绕通信原理、光纤通信、嵌入式系统、计算机网络等课程的基础实验和光通信系统设计等内容编写。

本教材是光电专业实验系列教材的第三分册，主要围绕通信原理、光纤通信、单片机原理与技术方面的基础性实验、综合性实验和设计性实验内容编写。全书由钟丽云老师统稿，其中通信原理实验部分由崔虎老师编写，光纤通信技术实验部分由魏正军老师编写，单片机原理与技术实验部分由郭健平老师编写，参与编写工作的还有郭梦月、陈章杰等同学。

在编写该套实验教材的过程中，我们参考了许多院校相关专业教材的编写经验，同时，教材的编写得到了广东省教育厅和华南师范大学的大力支持，在此一并感谢。另外，本实验教材来自教学多年的实验讲义，难免存在缺漏和不足之处，敬请使用本教材的师生批评指正。

"高等院校光电专业实验系列教材"编委会

2017 年春于广州

目　录

第一编　通信原理实验

第二编　光纤通信技术实验

第三编　单片机原理与技术实验

第一编　通信原理实验

当今社会正从后工业时代向信息经济时代迈进，信息通信技术已经并将继续对人类社会运行方式产生巨大而深远的影响，国民经济和社会发展对信息通信技术的需求在不断增长。信息社会和信息产业的发展需要大量具有较强的创新思维和实践应用能力的信息技术人才。通信原理课程是信息领域中最重要的专业基础课之一，具有很强的理论性和实践性。这门课程的概念和系统模型多，且极其抽象和不易理解，常常使得学生丧失学习兴趣，导致其对问题的认知和理解通常停留在表面。设法加深学生对通信原理基础理论知识的理解，提高学生将理论知识应用到实际的能力，培养学生分析、解决通信工程中具体问题的实践动手能力就成为通信原理课程教学的一项重要任务。开设通信原理实验课程就是实现上述教学任务的一种重要的教学手段和途径。

本通信原理实验讲义主要是基于众友的 Z 型现代通信原理实验箱编写的。实验的设计贯彻了将抽象的通信基础理论知识灵活地运用在具体实验教学环节之中的原则，从而达到使学生巩固和加深对理论知识理解与掌握的目的；实验的内容紧密联系了通信工程中的一些具体的基础应用，充分体现了学以致用的教学思想。

第 1 章　通信原理基础实验

1.1　信号源实验

1.1.1　实验目的
（1）了解模拟信号和数字信号的区别与联系。
（2）了解频率连续可调谐的各种模拟信号产生的方法。
（3）理解位同步信号和帧同步信号的区别与联系，以及它们在通信系统中的作用。

1.1.2　实验内容
（1）观察模拟信号与数字信号波形的区别。
（2）观察各种模拟信号波形的特点。
（3）观察位同步信号与帧同步信号在波形上的对应关系。

1.1.3　实验仪器
（1）信号源模块（1 块）。
（2）20MHz 双踪示波器（1 台）。
（3）金属跳线（若干）。

1.1.4　实验预备知识
（1）预习伪随机序列的特性及产生方法。
（2）预习 BCD 码的特点及编码规则。
（3）预习 NRZ 码的特点及适用情况。
（4）预习双踪示波器的工作原理并掌握其使用方法。

1.1.5　实验原理
通信系统中有两类信号：模拟信号和数字信号。模拟信号在时间上是连续的或离散的，但其取值（电压或电流）一定是连续的；数字信号在时间上是连续的或离散的，但其取值（电压或电流）一定是离散的。
（1）模拟信号源。
模拟信号源主要包括单片机主控芯片、波形选择器、频率调节旋钮、频率数值数码显示管、数字信号转换模拟信号模块、带通滤波电路、模拟信号放大电路等组成部分（参见图 1.1.1）。

通过波形选择器和频率调节旋钮可以控制单片机主控芯片产生何种波形与多大频率的模拟信号。单片机主控芯片收到信号后，一方面控制频率数值数码显示管显示相应的频率数值，另一方面控制数字信号转换模拟信号模块产生相应的模拟信号。数字信号转换模拟信号模块已经在数据存储器中预置了可用来产生各种波形和不同频率模拟信号的特征数据。单片机主控芯片控制数字信号转换模拟信号模块按照波形选择器和频率调节旋钮的设置要求从数据存储器中读取出相应的特征数据，并将数字信号形式的特征数据转换成需要的模拟信号。数字信号转换模拟信号模块直接产生的模拟信号的驱动负载能力很弱，需要经过带通滤波电路来提高信噪比和经过模拟信号放大电路放大后才能得到所需的模拟信号。

模拟信号源可以产生频率和幅度连续可调的正弦波（频率调谐范围为 100Hz ~ 10kHz）、三角波（频率调谐范围为 100Hz ~ 1kHz）、方波（频率调谐范围为 100Hz ~ 10kHz）、锯齿波（频率调谐范围为 100Hz ~ 1kHz），以及 32kHz 与 64kHz 的单频正弦波（幅度连续可调）。

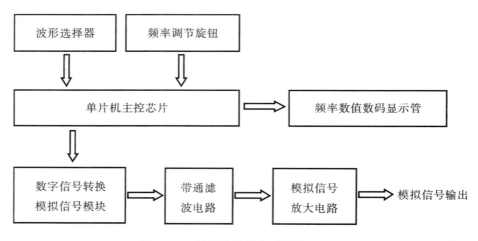

图 1.1.1　模拟信号源主要模块原理图

（2）数字信号源。

数字信号源主要是通过对一个由晶振产生的固定频率方波信号进行多次分频和变形来产生多种频率的单频方波、NRZ 码（可通过拨码开关来任意设置码型），以及位同步信号和帧同步信号（参见图 1.1.2）。

振动频率为 24MHz 的晶振产生的方波信号连续经 3 分频和 8 分频后得到 1 024kHz 方波，1 024kHz 方波经 4 分频后得到 256kHz 方波，256kHz 方波经 4 分频后得到 64kHz 方波，64kHz 方波经 2 分频后得到 32kHz 方波，32kHz 方波经 4 分频后得到 8kHz 方波。此外，晶振产生的方波经 3 分频后还可通过输入到一个可控制分频器中（其分频比可通过 BCD 码分频设置拨码开关来设置）来得到想要频率的方波信号，可控制分频器经 2 分频后得到 2BS 信号，2BS 信号经 2 分频后得到 BS 信号，BS 信号经 24 分频后得到

FS 信号。另外，数字信号源还能产生长度分别为 15、31 和 511 的 PN 序列以及一帧包含 24 位的周期性 NRZ 码（其码型可通过拨码开关来设置）。

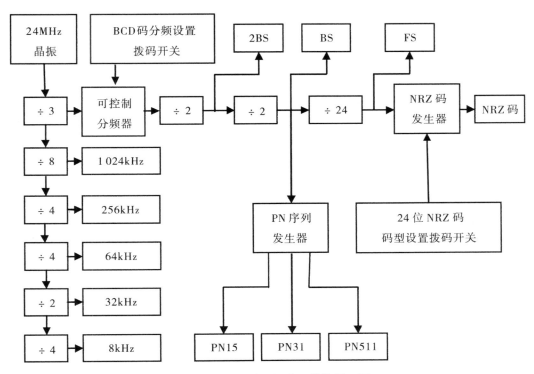

图 1.1.2　数字信号源主要模块原理图

1.1.6　实验步骤

（1）熟悉各测量点信号的具体意义。

① 模拟信号源模块：

正弦波：频率调谐范围为 100Hz～10kHz，幅度最大值为 4V；

三角波：频率调谐范围为 100Hz～1kHz，幅度最大值为 4V；

方波：频率调谐范围为 100Hz～10kHz，幅度最大值为 4V；

锯齿波：频率调谐范围为 100Hz～1kHz，幅度最大值为 4V；

32kHz 正弦波：固定频率单频正弦波，幅度最大值为 4V；

64kHz 正弦波：固定频率单频正弦波，幅度最大值为 4V。

②数字信号源模块（占空比为 50% 的方波）：

24MHz：由晶振直接产生的方波信号；

1 024kHz：由 24MHz 方波信号经 24 分频后得到的方波信号；

256kHz：由 1 024kHz 方波信号经 4 分频后得到的方波信号；

64kHz：由 256kHz 方波信号经 4 分频后得到的方波信号；

32kHz：由 64kHz 方波信号经 2 分频后得到的方波信号；

8kHz：由 32kHz 方波信号经 4 分频后得到的方波信号；

2BS：由用户设定频率的方波信号经 2 分频后得到的 2 倍频位同步信号；

BS：由 2BS 信号经 2 分频后得到的位同步信号；

FS：由 BS 信号经 24 分频后得到的帧同步信号；

PN15：一个周期包含 15 位码元的伪随机序列；

PN31：一个周期包含 31 位码元的伪随机序列；

PN511：一个周期包含 511 位码元的伪随机序列；

NRZ 码：一帧包含 24 位码元的非归零码。

（2）插入有关实验模块。

在电源开关断开的情况下，把有关实验模块固定在实验箱上，将黑色塑封螺钉拧紧，并确保实验模块与实验箱连接部分的金属触点接触良好。

（3）通电。

插上电源线，打开实验箱上的电源开关，再打开实验模块上的电源开关，观察实验模块上的工作指示灯是否已被点亮（注意：这里仅仅是检验通电是否成功，在进行实验的过程中，每做一个实验项目都要先连线，后接通电源，禁止带电连线）。

（4）模拟信号实验。

①观察单频率的 32kHz 和 64kHz 正弦波的输出波形，转动"幅度调节"旋钮来改变正弦波的幅度。

②通过"波形选择"按键使信号输出点"模拟输出"输出正弦波，转动"频率调节"旋钮来改变正弦波的频率，转动"幅度调节"旋钮来改变正弦波的幅度，观察每次调节后正弦波的波形变化。

③通过"波形选择"按键使信号输出点"模拟输出"分别输出三角波、方波和锯齿波，然后重复步骤②中的实验过程。

（5）数字信号实验。

①用双踪示波器的两个测量通道对 1 024kHz、256kHz、64kHz、32kHz 与 8kHz 的方波信号进行两两对比观察。

②将 BCD 码分频设置拨码开关设置为 128 分频，用双踪示波器的两个测量通道对 2BS、BS、FS 与 NRZ 等信号进行两两对比观察。多次改变 BCD 码分频设置拨码开关和 24 位 NRZ 码码型设置拨码开关的设置，每次改变设置后都要重复以上实验过程。

③将 BCD 码分频设置拨码开关设置为 128 分频，用双踪示波器的两个测量通道分别将 PN15、PN31 和 PN511 信号与 BS 信号进行对比观察。

（6）关机拆线。

实验结束，断开电源开关，拆除金属跳线，将实验模块放回指定地方。

1.1.7　实验报告要求

（1）分析模拟信号源和数字信号源的工作原理以及各自的特点，详细叙述它们的工作过程。

（2）记录各测量点信号的参数，并在坐标纸上画出各测量点信号的波形图，同时分析在电流的流动方向上相邻两个测量点信号之间的关系。

1.1.8 思考题

（1）模拟信号与数字信号有什么异同？

（2）位同步信号与帧同步信号之间存在什么关系？它们在通信系统中的作用是什么？

1.2 振幅调制与解调实验

1.2.1 实验目的

（1）了解振幅调制与解调的基本原理和工作过程。

（2）掌握二极管包络检波的基本原理和工作过程。

（3）理解振幅调制系统的优缺点。

1.2.2 实验内容

（1）观察振幅调制信号调制前后的波形变化。

（2）观察包络检波信号检波前后的波形变化。

（3）观察常规调幅信号波形与抑制载波调幅信号波形的异同。

1.2.3 实验仪器

（1）信号源模块（1块）。

（2）PAM&AM模块（1块）。

（3）20MHz双踪示波器（1台）。

（4）金属跳线（若干）。

1.2.4 实验预备知识

（1）预习线性调制和非线性调制的区别以及各自的特点。

（2）预习线性调制包含的种类以及各种类之间的关系。

（3）预习模拟乘法器的主要特性和工作原理。

1.2.5 实验原理

模拟调制是指用来自信号源的基带模拟信号去调制一个具有周期性的载波。载波有振幅、频率和相位三个参数。调制的结果是使载波的某个参数随基带模拟信号的变化而变化，相应地得到振幅调制、频率调制和相位调制三种调制方式。其中，前一种调制方式属于线性调制，而后两种调制方式属于非线性调制。

本实验采取的是振幅调制。设 $m(t)$ 为调制信号，并设其包含直流分量且表示为

$[1 + m'(t)]$，其中，$m'(t)$ 是调制信号中的交流分量且其绝对值不大于1。另外，将 $|m'(t)|$ 的最大值称为调制度 M，M 是不大于1的一个非负数。设载波为 $c(t)$，则已调信号可以表示为：

$$s(t) = m(t)c(t) = [1 + m'(t)]c(t) \qquad (1-2-1)$$

在本实验中，$m'(t) = A_m\cos\omega_m t$，$c(t) = A_c\cos\omega_c t$，则式（1-2-1）可转化为：

$$s(t) = A_c(C + M\cos\omega_m t)\cos\omega_c t \qquad (1-2-2)$$

其中，$M = A_m$，C 取1或0。当 C 为1时，振幅调制为常规调幅；当 C 为0时，振幅调制为抑制载波调幅。

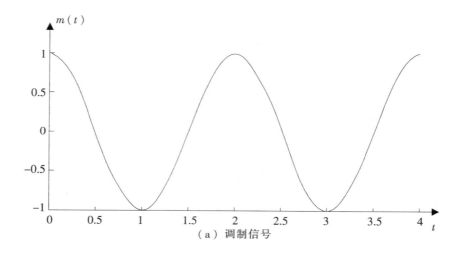

（a）调制信号

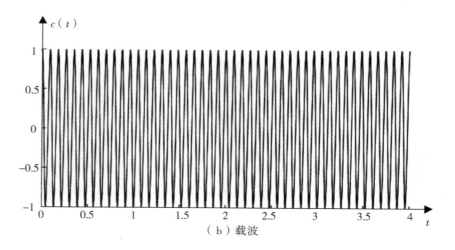

（b）载波

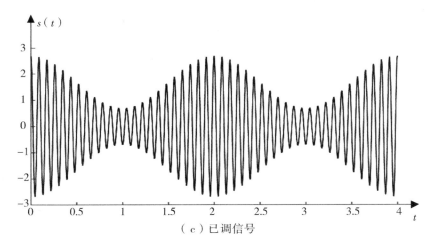

（c）已调信号

图 1.2.1　常规调幅波形

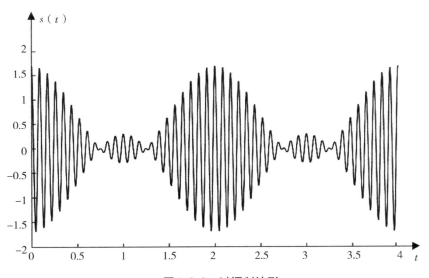

图 1.2.2　过调制波形

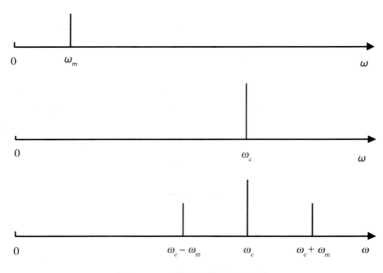

图 1.2.3   常规调幅波的频谱

1. 常规调幅

(1) 基本原理。

常规调幅的基本原理如图 1.2.1 所示。$m(t)$ 为低频调制信号，$c(t)$ 为高频载波，当 $m(t)$ 对 $c(t)$ 进行调制后就可以得到已调信号 $s(t)$。已调信号 $s(t)$ 的包络变化反映了调制信号 $m(t)$ 的变化情况。通常要求 $s(t)$ 的上包络和下包络不能重叠，要想达到这种效果需要调制度 M 不大于 1。如果 M 大于 1 就会发生过调制，如图 1.2.2 所示。图中的 $s(t)$ 的上包络和下包络发生了重叠，包络的变化与调制信号不再相同，最终产生失真现象。

常规调幅方式中的已调信号的频谱包含三个频率分量：载波频率分量 ω_c、上边带频率分量 $\omega_c + \omega_m$、下边带频率分量 $\omega_c - \omega_m$（参见图 1.2.3）。通过常规调幅，基带调制信号 ω_m 所携带的信息被加载到了上边带频率分量 $\omega_c + \omega_m$ 和下边带频率分量 $\omega_c - \omega_m$ 中，而且上、下边带频率分量包含的信息是一模一样的。载波频率分量 ω_c 虽然在已调信号频谱中出现，但其并不包含信息，而且占用了大量的功率。为了提高已调信号的功率利用率，可以设法去除不包含信息但又占用大量功率的载波频率分量。要想达到这个目标，可以采用抑制载波的调幅方式。

(2) 调制方法。

振幅调制信号产生的原理如图 1.2.4 所示。调制信号与载波通过乘法器（本实验采用 MC1496 双平衡四象限模拟乘法器）相乘后可得到输出信号 $e'(t)$，其通常需要通过带通滤波器来进一步提高信噪比，从而带通滤波器输出的就是具有较高质量的已调信号。实际上，已调信号还需要通过一个电压跟随器再与负载相连，这样可以进一步增强已调信号驱动负载的能力。在调制过程中，可以通过调节直流偏压 C 来确保产生正常调制的调幅信号，从而避免产生过调制的调幅信号。

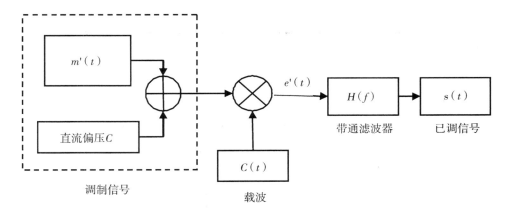

图 1.2.4　振幅调制原理图

（3）解调方法。

振幅调制信号通常采用二极管包络检波方法来进行解调。振幅调制信号是一个交流信号，其有上、下两个包络，这两个包络携带相同的信息。因此，我们只要获得一个包络就可以获取全部信息。所以，我们可以先将交流的振幅调制信号整流成直流信号，然后再对整流得到的直流信号进行低通滤波就可以还原出基带模拟调制信号（参见图 1.2.5）。

二极管整流的方法有两种：全波整流和半波整流。全波整流是将交流振幅调制信号中的负电压变成正电压［对比图 1.2.1（c）与图 1.2.6（a）］；半波整流是将交流振幅调制信号中的负电压成分滤除［对比图 1.2.1（c）与图 1.2.6（b）］。

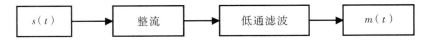

图 1.2.5　二极管包络检波原理图

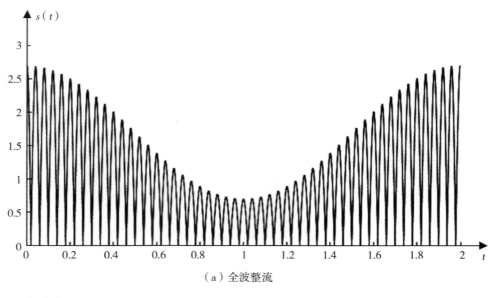

（a）全波整流

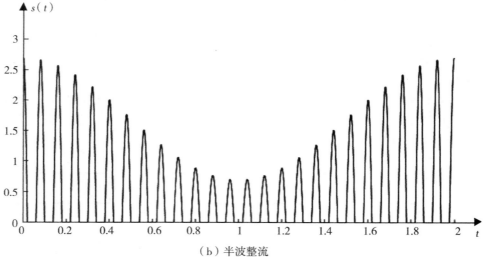

（b）半波整流

图 1.2.6 全波整流和半波整流波形图

2. 抑制载波调幅

常规调幅信号中的大部分功率被载波分量占用，但载波却不包含调制信号中的信息。因此，常规调幅信号中的载波分量其实是可以不进行传输的。将常规调幅信号中的载波分量去除就可以得到抑制载波调幅信号。这两种信号波形的区别可以从图 1.2.7中明显看出。抑制载波调幅的实现方法与常规调幅的实现方法相同，都是采用模拟乘法器的方法，如图 1.2.4 所示。不过对于抑制载波调幅，图中的直流偏压 C 从理论上来说要调至零，但实际操作中会存在些许偏差。

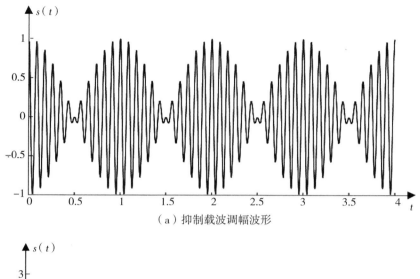

（a）抑制载波调幅波形

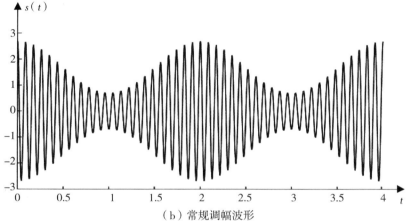

（b）常规调幅波形

图 1.2.7 抑制载波调幅波形和常规调幅波形

1.2.6 实验步骤

（1）熟悉各测量点信号的具体意义。

①输入测量点说明：

AM 音频输入：低频模拟信号输入点，输入的信号即为调制信号；

AM 载波输入：高频载波信号输入点，其频率应远高于调制信号。

②输出测量点说明：

调幅输出：常规调幅和抑制载波调幅信号的输出点；

解调幅输出：常规调幅和抑制载波调幅信号经过解调后的输出点。

（2）插入有关实验模块。

在电源开关断开的情况下，把有关实验模块固定在实验箱上，将黑色塑封螺钉拧紧，并确保实验模块与实验箱连接部分的金属触点接触良好。

（3）通电。

插上电源线，打开实验箱上的电源开关，再打开实验模块上的电源开关，观察实验模块上的工作指示灯是否已被点亮（注意：这里仅仅是检验通电是否成功，在进行实验的过程中，每做一个实验项目都要先连线，后接通电源，禁止带电连线）。

（4）常规调幅实验。

①用金属跳线将信号源模块的信号输出点"模拟输出"与 PAM&AM 模块的信号输入点"AM 音频输入"连接起来，同时将信号源模块的信号输出点"64kHz 正弦波"与 PAM&AM 模块的信号输入点"AM 载波输入"连接起来。

②调节 PAM&AM 模块的电位器"调制深度调节"，调节的同时用示波器观察测量点"调幅输出"处的信号波形，直至观察到常规调幅信号。

③用双踪示波器的两个测量通道对"AM 音频输入"处的调制信号、"AM 载波输入"处的载波信号、"调幅输出"处的已调信号和"解调幅输出"处的解调信号进行两两对比观察。

④改变"AM 音频输入"的频率与幅度和"AM 载波输入"的频率与幅度，每次改变设置后都要重复步骤②和③中的实验过程。

（5）抑制载波调幅实验。

①用金属跳线将信号源模块的信号输出点"模拟输出"与 PAM&AM 模块的信号输入点"AM 音频输入"连接起来，同时将信号源模块的信号输出点"64kHz 正弦波"与 PAM&AM 模块的信号输入点"AM 载波输入"连接起来。

②调节 PAM&AM 模块的电位器"调制深度调节"，调节的同时用示波器观察测量点"调幅输出"处的信号波形，直至观察到抑制载波调幅信号。

③用双踪示波器的两个测量通道对"AM 音频输入"处的调制信号、"AM 载波输入"处的载波信号、"调幅输出"处的已调信号和"解调幅输出"处的解调信号进行两两对比观察。

④改变"AM 音频输入"的频率与幅度和"AM 载波输入"的频率与幅度，每次改变设置后都要重复步骤②和③中的实验过程。

（6）关机拆线。

实验结束，断开电源开关，拆除金属跳线，将实验模块放回指定地方。

1.2.7　实验报告要求

（1）根据实验测量记录，在坐标纸上画出振幅调制信号调制前后的波形图，并分析和叙述振幅调制和解调的工作过程。

（2）根据实验测量记录，在坐标纸上画出包络检波信号检波前后的波形图，并分析和叙述包络检波的工作过程。

1.2.8　思考题

（1）二极管全波整流与半波整流有什么不同？

（2）常规调幅和抑制载波调幅这两种调制方式各自的特点以及优缺点是什么？

1.3　PCM 调制与解调实验

1.3.1　实验目的

（1）理解 PCM 调制与解调的基本原理和工作过程。

（2）了解均匀量化和非均匀量化的关系。

（3）掌握非均匀量化法 A 压缩律及其近似算法——13 折线法的基本原理。

1.3.2　实验内容

（1）观察发送端信号在 PCM 调制前后的波形变化。

（2）观察接收端信号在 PCM 解调前后的波形变化。

（3）熟悉 PCM 编译码器 TP3067 芯片的工作原理及典型应用。

1.3.3　实验仪器

（1）信号源模块（1 块）。

（2）模拟信号数字化模块（1 块）。

（3）20MHz 双踪示波器（1 台）。

（4）金属跳线（若干）。

1.3.4　实验预备知识

（1）预习模数变换和数模变换所包含的步骤以及各步骤的功能与特点。

（2）预习自然二进制码和折叠二进制码各自的特点以及这两种码型的关系。

（3）预习基本量化噪声和过载量化噪声各自的特点以及抑制这两种量化噪声的方法。

1.3.5　实验原理

一般情况下，来自信号源的原始语音信号和图像信号通常是模拟信号，要想通过数字信道传输模拟信号就需要先将其转换成数字信号。常用的一种模数变换方法是脉冲编码调制。

1. 脉冲编码调制（PCM）的基本原理

脉冲编码调制（PCM）传输系统发送端的工作过程一般包括 3 个步骤：抽样、量化和编码。抽样是将在时间和取值上都连续的原始模拟信号变换成在时间上离散但在取值上连续的抽样信号；量化是将在时间上离散但在取值上连续的抽样信号变换成在时间和取值上都离散的数字信号；编码是将数字信号的一个取值情况编码成一个二进制码组。二进制码组经过数字信道传输到接收端后经过解码器变换成一个在时间和取值上都离散的数字信号，该数字信号再经过低通滤波器恢复成在时间和取值上都连续的原始模拟信号。PCM 传输系统的一个完整的工作过程如图 1.3.1 所示。在整个 PCM 传输系统中，重建的模拟信号相对于原始模拟信号的失真主要缘于量化和信道传输误码。

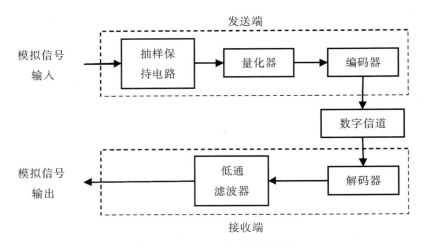

图 1.3.1　PCM 传输系统原理图

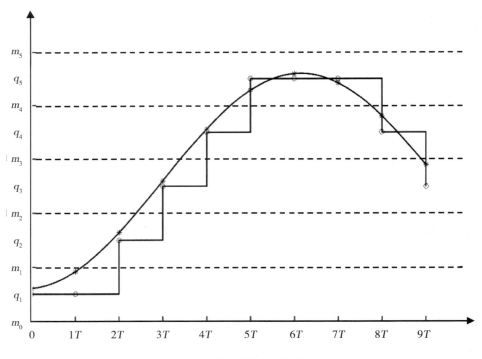

图 1.3.2　均匀量化过程示意图

（1）抽样。

在一系列离散的时间点上对原始模拟信号抽取样值称为抽样。一系列的离散时间点可以是不等间隔的，也可以是相等间隔的，且通常都是采用相等间隔抽样方式。若一个在时间上连续的原始模拟信号的最高频率为 f_H，则当以时间间隔为 $T \leqslant 1/2f_H$ 的周期性冲激脉冲对其进行抽样时，所得到的在时间上离散的抽样信号可以完全确定在时间上连续的原始模拟信号。

（2）量化。

抽样信号的量化主要有两种方法：均匀量化和非均匀量化。量化是将在取值上连续的抽样信号量化成在取值上离散的数字信号。将抽样信号的取值范围进行相等间隔划分的量化称为均匀量化，将抽样信号的取值范围进行不均匀划分的量化称为非均匀量化。

①均匀量化。

假设在均匀量化时，抽样信号的取值范围为 a 至 b，量化电平的数量为 M，那么，均匀量化的量化间隔为：

$$\Delta v = \frac{b-a}{M} \qquad\qquad (1-3-1)$$

且量化区间的端点为：

$$m_i = a - i\Delta v \qquad i=1, 2, \cdots, M \qquad (1-3-2)$$

如果将量化后的输出电平（q_i）选取为量化区间的中点，则有：

$$q_i = \frac{m_i + m_{i-1}}{2} \qquad i=1, 2, \cdots, M \qquad (1-3-3)$$

均匀量化的过程参见图 1.3.2，图中光滑的曲线为原始模拟信号，其在以 T 为量化间隔的一系列相等间隔的离散抽样点被抽样，抽样值用"＊"表示。抽样值落在哪个量化区间内就取该区间的中点为量化值，量化值用"o"表示。抽样值与量化值的差值为量化误差，即"＊"与"o"之间的垂直距离。量化误差通常称为量化噪声，并用信号量噪比（信号功率与量化噪声功率的比值）来衡量量化过程对信号质量影响的大小。

均匀量化的一个主要缺点是信号量噪比不是恒定的，而是随着原始模拟信号的变化而变化。当原始模拟信号的取值较大时，信号量噪比较大；当原始模拟信号的取值较小时，信号量噪比较小。这是量化间隔恒定不变所导致的。因为均匀量化存在以上缺点，所以在实际应用中通常采用非均匀量化的方法。

②非均匀量化。

非均匀量化的主要特点是量化间隔随着信号抽样值的变化而变化。信号抽样值变小时，量化间隔也随之变小；信号抽样值变大时，量化间隔也随之变大。在实际应用中，非均匀量化的方法通常是先将原始信号的抽样值进行压缩得到一个过渡信号，然后再对压缩的过渡信号进行均匀量化，这样就间接实现了对原始信号的非均匀量化。

现在通常采用对数特性的压缩方法。国际电信联盟（ITU）制定了两种对数压缩律（A 压缩律和 μ 压缩律），以及分别与这两种压缩律相对应的近似算法——13 折线法和 15 折线法。我国内地采用 A 压缩律及其对应的 13 折线法。A 压缩律具有以下的对数压缩规律：

$$y = \begin{cases} \dfrac{Ax}{1-\ln A} & 0 < x \leqslant \dfrac{1}{A} \\ \dfrac{1-\ln Ax}{1-\ln A} & \dfrac{1}{A} < x \leqslant 1 \end{cases} \qquad (1-3-4)$$

式中，A 为常数，决定了压缩程度和压缩曲线的形状。

A 压缩律曲线是一条具有对数特性的光滑曲线，在实际应用中很难画出这种曲线，通常用折线段来近似代替它。在实际应用中，A 压缩律曲线选取 $A = 87.6$，并采用 13 折线法来近似代替（参见图 1.3.3）。图中是第一象限的 8 条折线段，由于靠近坐标原点的两条折线段斜率相同，所以合并成一条折线段。A 压缩律曲线实际占据了第一和第三象限，总共 16 条折线段，其中，靠近坐标原点的 4 条折线段斜率相同，被合并成一条折线段，这样第一和第三象限总共有 13 条折线段，所以称为 13 折线法。

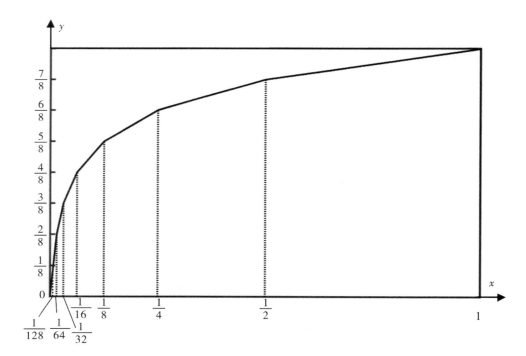

图 1.3.3　13 折线法压缩特性曲线

采用 13 折线法来代替 $A=87.6$ 的 A 压缩律曲线是为了实现当折线段的端点和转折点的纵坐标与 A 压缩律曲线的纵坐标相同时，折线段的端点和转折点的横坐标与 A 压缩律曲线的横坐标非常接近，即折线段能近似代替 A 压缩律曲线（参见表 1.3.1）。

表 1.3.1　13 折线法和 A 压缩律比较

线段端点 y	0	$\frac{1}{8}$	$\frac{2}{8}$	$\frac{3}{8}$	$\frac{4}{8}$	$\frac{5}{8}$	$\frac{6}{8}$	$\frac{7}{8}$	1
13 折线法 x	0	$\frac{1}{128}$	$\frac{1}{64}$	$\frac{1}{32}$	$\frac{1}{16}$	$\frac{1}{8}$	$\frac{1}{4}$	$\frac{1}{2}$	1
A 压缩律 x	0	$\frac{1}{128}$	$\frac{1}{60.6}$	$\frac{1}{30.6}$	$\frac{1}{15.4}$	$\frac{1}{7.79}$	$\frac{1}{3.93}$	$\frac{1}{1.98}$	1
折线段号	1		2	3	4	5	6	7	8
折线斜率	16		16	8	4	2	1	$\frac{1}{2}$	$\frac{1}{4}$

（3）编码。

编码就是将量化后的数字信号的量化值变换成一个二进制码组，其逆过程称为解码。在 13 折线法中，用一个 8 位二进制码组（$b_1b_2b_3b_4b_5b_6b_7b_8$）来表示一个量化值。其中，b_1 为极性码，表示第一象限或者第二象限；$b_2b_3b_4$ 为段落码，表示第一或者第二象限中的 8 条线段（参见表 1.3.2）；$b_5b_6b_7b_8$ 为段内码，表示每条线段中的 16 个量化电平（参见表 1.3.3）。段内码代表的 16 个量化电平是均匀划分的。段落码和段内码总共能表示 128 个量化值；若再加上极性码，就可以表示 256 个量化值。

国际电信联盟（ITU）建议在进行非均匀量化编码时，数字电话传输速率应采用 64kb/s，这样可以实现用 8 000Hz 的抽样速率来对原始语音信号进行抽样，采用这个抽样速率将能保证语音通信的信号质量。

2. 脉冲编码调制电路 TP3067 芯片简介

本实验选用大规模集成电路 TP3067 芯片作为 PCM 编译码器，把编码电路和译码电路集成在一个芯片上，具有较强的功能。TP3067 芯片采用 A 压缩律对应的 13 折线法来对模拟信号进行脉冲编码调制，具有完整地将模拟信号转换成 8 位二进制数字信号的编码功能和将 8 位二进制数字信号转换成模拟信号的译码功能。TP3067 芯片工作的时钟频率为 2.048MHz，采用 8kHz 的帧同步信号。TP3067 芯片是一个单路编译码器，能够对一路语音信号进行编译码，即将其时间分成 32 个时隙，只在特定时隙中发送或接收一组 8 位二进制数字信号的编码信号，与一路语音信号的发送时隙和接收时隙相互对应。

表 1.3.2 段落码编码规则

段落序号	段落码（$b_2b_3b_4$）
1	000
2	001
3	010
4	011
5	100
6	101
7	110
8	111

表 1.3.3 段内码编码规则

量化级	段内码（$b_5b_6b_7b_8$）
0	0000
1	0001
2	0010
3	0011
4	0100
5	0101
6	0110
7	0111
8	1000
9	1001
10	1010
11	1011
12	1100
13	1101
14	1110
15	1111

1.3.6 实验步骤

（1）熟悉各测量点信号的具体意义。

①输入测量点说明：

2 048k – IN：发送端和接收端共用的 2.048 MHz 时钟信号输入点；

S – IN：发送端的原始模拟信号输入点；

CLKB – IN：发送端的 PCM 编码时的 64 kHz 时钟信号输入点；

FRAMEB – IN：发送端的 PCM 编码时的 8 kHz 帧同步信号输入点；

PCM2 – IN：接收端的 PCM 译码时的编码信号输入点；

CLK2 – IN：接收端的 PCM 译码时的 64 kHz 时钟信号输入点；

FRAME2 – IN：接收端的 PCM 译码时的 8 kHz 帧同步信号输入点。

②输出测量点说明：

S – IN2：发送端的 2 kHz 原始模拟信号测试点；

PCMB – OUT：发送端的 PCM 调制信号输出点；

JPCM：接收端的 PCM 解调信号输出点。

（2）插入有关实验模块。

在电源开关断开的情况下，把有关实验模块固定在实验箱上，将黑色塑封螺钉拧紧，并确保实验模块与实验箱连接部分的金属触点接触良好。

（3）通电。

插上电源线，打开实验箱上的电源开关，再打开实验模块上的电源开关，观察实验模块上的工作指示灯是否已被点亮（注意：这里仅仅是检验通电是否成功，在进行实验的过程中，每做一个实验项目都要先连线，后接通电源，禁止带电连线）。

（4）脉冲编码调制实验。

①用信号源模块产生一个频率为 2kHz、电压峰值为 1V 的正弦波模拟信号作为原始模拟信号，并将其输入模拟信号数字化模块的"S-IN"信号输入点。

②用金属跳线将信号源模块的"64k""8k"和"BS"信号输出点分别与模拟信号数字化模块的"CLKB-IN""FRAMEB-IN"和"2 048k-IN"信号输入点连接起来。

③用双踪示波器的两个测量通道对脉冲编码调制电路的所有信号输入点和信号输出点的信号波形进行两两对比观察。

④改变原始模拟信号的频率和幅度，每次改变设置后都要重复步骤③中的实验过程。

（5）脉冲编码解调实验。

①用金属跳线将信号源模块的"64k"和"8k"信号输出点分别与模拟信号数字化模块的"CLK2-IN"和"FRAME2-IN"信号输入点连接起来。用金属跳线将模拟信号数字化模块的"PCMB-OUT"信号输出点与"PCM2-IN"信号输入点连接起来。

②用双踪示波器的两个测量通道对脉冲编码解调电路的所有信号输入点和信号输出点的信号波形进行两两对比观察。

③用双踪示波器的两个测量通道对原始模拟信号波形和恢复的模拟信号波形进行对比观察。

④改变原始模拟信号的频率和幅度，每次改变设置后都要重复步骤②和③中的实验过程。

（6）关机拆线。

实验结束，断开电源开关，拆除金属跳线，将实验模块放回指定地方。

1.3.7　实验报告要求

（1）记录实验测量结果，在坐标纸上画出 PCM 调制前后的波形图和 PCM 解调前后的波形图。

（2）叙述 PCM 编译码器 TP3067 芯片的工作过程，并分析实验现象。

1.3.8　思考题

（1）在 PCM 调制与解调电路中，满载和过载的含义分别是什么？

（2）在实验中，给 TP3067 芯片提供 2.048MHz 时钟信号的原因是什么？TP3067 芯片输出的 PCM 码的速率与时钟信号的频率之间有什么对应关系？

1.4 BASK 调制与解调实验

1.4.1 实验目的
（1）理解 BASK 调制与解调的基本原理及工作过程。
（2）掌握 BASK 调制与解调的方法。
（3）了解 BASK 系统的优缺点。

1.4.2 实验内容
（1）观察发送端信号在 BASK 调制前后的波形变化。
（2）观察接收端信号在 BASK 解调前后的波形变化。

1.4.3 实验仪器
（1）信号源模块（1 块）。
（2）数字调制模块（1 块）。
（3）数字解调模块（1 块）。
（4）20MHz 双踪示波器（1 台）。
（5）金属跳线（若干）。

1.4.4 实验预备知识
（1）预习相干解调的基本原理及方法。
（2）预习非相干解调的基本原理及方法。

1.4.5 实验原理
二进制振幅键控（BASK）就是使载波的振幅随着基带数字信号（调制信号）的变化而变化。BASK 的调制过程可以用以下表达式来表示：

$$s(t) = m(t)c(t) \qquad (1-4-1)$$

式中，$m(t)$ 是基带数字信号，$c(t)$ 是载波，$s(t)$ 是已调信号（即 BASK 信号）。其中，$m(t)$ 是一串二进制随机数字序列，其取值情况为：

$$m(t) = \begin{cases} A_m & \text{当发送码元为 "1" 时} \\ 0 & \text{当发送码元为 "0" 时} \end{cases} \qquad (1-4-2)$$

在本实验中，选取以下正弦波作为载波：

$$c(t) = A_c\sin\omega_c t \qquad\qquad (1-4-3)$$

式中，A_c 是载波振幅，ω_c 是载波频率，则式（1-4-1）可变换为：

$$s(t) = \begin{cases} A_s\sin\omega_c t & \text{当发送码元为 "1" 时} \\ 0 & \text{当发送码元为 "0" 时} \end{cases} \qquad (1-4-4)$$

式中，$A_s = A_m A_c$ 为 BASK 信号振幅。BASK 信号的时域波形参见图 1.4.1。

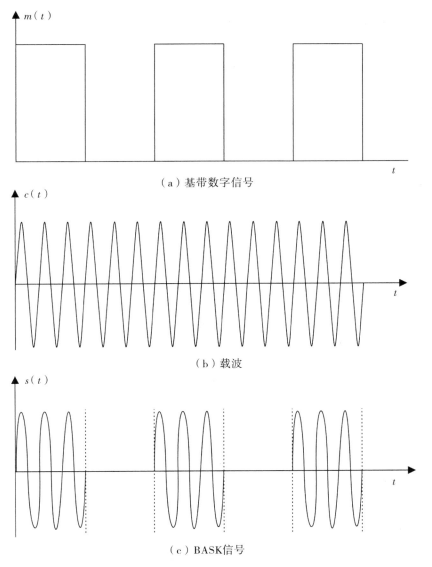

（a）基带数字信号

（b）载波

（c）BASK信号

图 1.4.1 BASK 信号的时域波形

（1）调制方法。

BASK 信号可以采用开关电路来进行调制（参见图1.4.2）。由基带数字信号来控制一个单刀双掷开关，当基带数字信号的码元为"1"时，开关连通与载波相连的输入点，使调制电路输出载波信号；当基带数字信号的码元为"0"时，开关连通与地线相连的输入点，使调制电路输出 0 电平。用这种方法得到的 BASK 信号的波形是断续的正弦波形，所以有时也称开关电路调制方法为通断键控 OOK（On – Off Keying）。

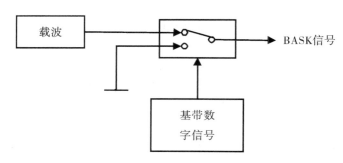

图 1.4.2　BASK 信号调制原理图

（2）解调方法。

BASK 信号的解调有非相干解调和相干解调两种方法。这两种方法的区别是，非相干解调不要求信号 $s(t)$ 接收端有本地载波，而相干解调要求信号 $s(t)$ 接收端有本地载波。非相干解调电路相对简单一些，而相干解调电路的信号质量要好一些。

本实验采用非相干解调方法中的包络检波法（参见图1.4.3）。BASK 信号 $s(t)$ 到达接收端后先经过一个带通滤波器，以去除信道中的背景噪声，提高信号质量；将带通滤波器输出的信号输入一个整流器中，以去除负电压分量而只保留正电压分量；将整流器输出的信号输入一个低通滤波器中，以去除高频载波分量而只保留低频包络分量；将低通滤波器输出的信号输入一个抽样判决器中，以对低频包络分量进行整形而恢复基带数字信号 $m(t)$。需要注意的是，要用位同步脉冲来控制抽样判决器的工作，这样才能准确地确定每个码元的起止时刻。

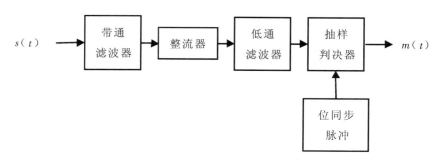

图 1.4.3　BASK 信号包络检波原理图

1.4.6 实验步骤

（1）熟悉各测量点信号的具体意义。

①输入测量点说明：

ASK 基带输入：发送端的基带数字信号输入点；

ASK 载波输入：发送端的载波信号输入点；

ASK – IN：接收端的已调信号输入点；

ASK – BS：接收端解调时的位同步信号输入点。

②输出测量点说明：

ASK 调制输出：发送端的已调信号输出点；

OUT1：接收端的已调信号经耦合电路后的信号输出点；

OUT2：上面信号经二极管检波电路后的信号输出点；

OUT3：上面信号经低通滤波器后的信号输出点；

ASK – OUT：上面信号经电压比较器后的信号输出点（未经位同步判决）；

ASK 解调输出：上面信号经位同步判决后的信号输出点。

（2）插入有关实验模块。

在电源开关断开的情况下，把有关实验模块固定在实验箱上，将黑色塑封螺钉拧紧，并确保实验模块与实验箱连接部分的金属触点接触良好。

（3）通电。

插上电源线，打开实验箱上的电源开关，再打开实验模块上的电源开关，观察实验模块上的工作指示灯是否已被点亮（注意：这里仅仅是检验通电是否成功，在进行实验的过程中，每做一个实验项目都要先连线，后接通电源，禁止带电连线）。

（4）BASK 调制实验。

①用金属跳线将信号源模块产生的周期性 NRZ 码和频率为 64kHz 的正弦波信号分别输入数字调制模块的"ASK 基带输入"和"ASK 载波输入"输入点。

②用双踪示波器的两个测量通道对数字调制模块的"ASK 基带输入""ASK 载波输入"和"ASK 调制输出"信号波形进行两两对比观察。

③改变 NRZ 码的频率和码型，每次改变设置后都要重复步骤②中的实验过程。

（5）BASK 解调实验。

①用金属跳线将数字调制模块的"ASK 调制输出"信号输出点与数字解调模块的"ASK – IN"信号输入点连接起来；用金属跳线将信号源模块的"BS"位同步信号输入点与数字解调模块的"ASK – BS"信号输入点连接起来。

②用双踪示波器的两个测量通道对数字解调模块的"ASK – IN""ASK – BS""OUT1""OUT2""OUT3"和"ASK 解调输出"信号波形进行两两对比观察。

③用双踪示波器的两个测量通道对数字调制模块的"ASK 基带输入"信号波形和数字解调模块的"ASK 解调输出"信号波形进行对比观察。

④改变 NRZ 码的频率和码型，每次改变设置后都要重复步骤②和③中的实验过程。

（6）关机拆线。

实验结束，断开电源开关，拆除金属跳线，将实验模块放回指定地方。

1.4.7　实验报告要求

（1）记录实验测量结果，在坐标纸上画出 BASK 调制前后的波形图和 BASK 解调前后的波形图。

（2）叙述 BASK 调制和解调的工作过程，并分析实验现象。

1.4.8　思考题

（1）BASK 系统的相干解调和非相干解调的主要不同点是什么？

（2）设计 BASK 系统的相干解调和非相干解调的原理图。

1.5　BFSK 调制与解调实验

1.5.1　实验目的

（1）理解 BFSK 调制与解调的基本原理及工作过程。

（2）掌握 BFSK 调制与解调的方法。

（3）了解 BFSK 系统的优缺点。

1.5.2　实验内容

（1）观察发送端信号在 BFSK 调制前后的波形变化。

（2）观察接收端信号在 BFSK 解调前后的波形变化。

1.5.3　实验仪器

（1）信号源模块（1 块）。

（2）数字调制模块（1 块）。

（3）数字解调模块（1 块）。

（4）20MHz 双踪示波器（1 台）。

（5）金属跳线（若干）。

1.5.4　实验预备知识

（1）预习包络检波法的基本原理及方法。

（2）预习过零点检测法的基本原理及方法。

1.5.5　实验原理

二进制频移键控（BFSK）就是使载波的频率随着基带数字信号（调制信号）的变化而变化。当基带数字信号的码元为"1"时，载波的频率为一个恒定频率；当基带数字信号的码元为"0"时，载波的频率为另一个恒定频率。若设 $m(t)$ 为基带数字信号，其只有"0"和"1"两种取值；$c_1(t)$ 为第一个载波，$c_2(t)$ 为第二个载波；$s(t)$ 为已调信号（即 BFSK 信号），则 BFSK 的调制过程可用下式来表达：

$$s(t) = \begin{cases} c_1(t) & \text{当发送码元为"0"时} \\ c_2(t) & \text{当发送码元为"1"时} \end{cases} \qquad (1-5-1)$$

在本实验中，选取两个振幅相同但频率不同的正弦波，即：

$$c_1(t) = A\sin\omega_{c1}t \qquad (1-5-2a)$$

$$c_2(t) = A\sin\omega_{c2}t \qquad (1-5-2b)$$

式中，A 为两个载波的振幅，ω_{c1} 为第一个载波的频率，ω_{c2} 为第二个载波的频率，则式（1-5-1）可变换为：

$$s(t) = \begin{cases} A\sin\omega_{c1}t & \text{当发送码元为"0"时} \\ A\sin\omega_{c2}t & \text{当发送码元为"1"时} \end{cases} \qquad (1-5-3)$$

BFSK 信号的时域波形参见图 1.5.1。

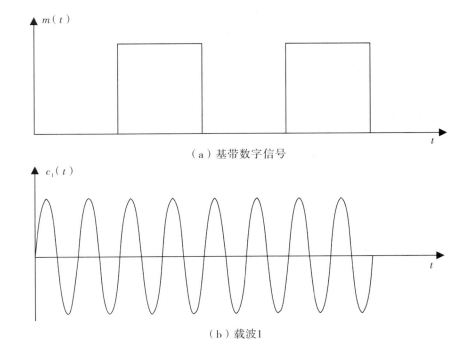

（a）基带数字信号

（b）载波1

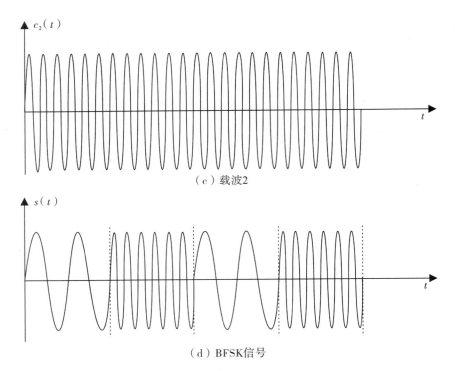

（c）载波2

（d）BFSK信号

图 1.5.1　BFSK 信号的时域波形

（1）调制方法。

BFSK 信号可以采用开关电路来进行调制（参见图 1.5.2）。由基带数字信号来控制一个单刀双掷开关，当基带数字信号的码元为"0"时，开关连通与第一路载波相连的输入点，使调制电路输出第一路载波信号；当基带数字信号的码元为"1"时，开关连通与第二路载波相连的输入点，使调制电路输出第二路载波信号。当第一路载波和第二路载波的周期匹配时，产生的 BFSK 信号的波形是疏密变化的不间断的光滑曲线，其在相邻两个码元的交界处没有跳变现象。

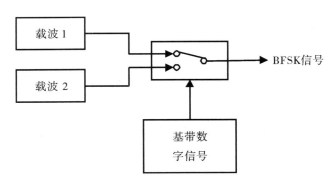

图 1.5.2　BFSK 信号调制原理图

（2）解调方法。

BFSK 信号的解调有相干解调和非相干解调两类。相干解调要求接收端有本地载波，非相干解调不要求接收端有本地载波。其中，非相干解调主要有包络检波法和过零点检测法等。

本实验采用过零点检测法来对 BFSK 信号进行解调。过零点检测法的原理：不同频率的正弦波载波在一个码元周期内通过零点电平的次数不同，频率越高的载波通过零点电平的次数越多，因此通过检测 BFSK 信号在一段时间内的过零点数就可以得到这段时间内的载波的频率信息。

过零点检测法对 BFSK 信号进行解调的原理如图 1.5.3 所示。BFSK 信号 $s(t)$ 到达接收端后先输入电压比较整形器 1 来去除信道中的部分背景噪声，从而提高信号质量；将电压比较整形器 1 输出的信号分成上下两条支路分别输入上升沿触发的单稳 1 和下跳沿触发的单稳 2；将单稳 1 和单稳 2 输出的两路信号输入相加器进行叠加（单稳 1、单稳 2 和相加器一起对从电压比较整形器 1 输出的信号进行微分和整流处理）；将相加器输出的信号输入低通滤波器中，以去除高频载波分量而保留低频包络分量；将低通滤波器输出的信号输入电压比较整形器 2 中，以去除前面电路产生的部分系统噪声；将电压比较整形器 2 输出的信号输入抽样判决器中，以准确地确定每个码元的起止时刻而恢复基带数字信号 $m(t)$。需要注意的是，要用位同步脉冲来控制抽样判决器的工作，这样才能准确地确定每个码元的起止时刻。

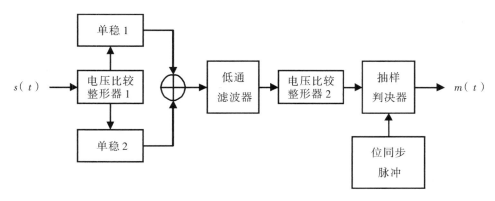

图 1.5.3 BFSK 信号解调原理图

1.5.6 实验步骤

（1）熟悉各测量点信号的具体意义。

①输入测量点说明：

FSK 基带输入：发送端的基带数字信号输入点；

FSK 载波输入 1：发送端的第一路载波信号输入点；

FSK 载波输入 2：发送端的第二路载波信号输入点；

FSK - IN：接收端的已调信号输入点；

FSK - BS：接收端解调时的位同步信号输入点。

②输出测量点说明：

FSK 调制输出：发送端的已调信号输出点；

单稳 1：接收端的已调信号经单稳（U05A）的信号输出点；

单稳 2：接收端的已调信号经单稳（U05B）的信号输出点；

过零检测：两单稳输出的叠加信号经过零检测后的信号输出点；

滤波输出：上面信号经过滤波后的信号输出点；

FSK – OUT：上面信号经电压比较器后的信号输出点（未经位同步判决）；

FSK 解调输出：上面信号经位同步判决后的信号输出点。

（2）插入有关实验模块。

在电源开关断开的情况下，把有关实验模块固定在实验箱上，将黑色塑封螺钉拧紧，并确保实验模块与实验箱连接部分的金属触点接触良好。

（3）通电。

插上电源线，打开实验箱上的电源开关，再打开实验模块上的电源开关，观察实验模块上的工作指示灯是否已被点亮（注意：这里仅仅是检验通电是否成功，在进行实验的过程中，每做一个实验项目都要先连线，后接通电源，禁止带电连线）。

（4）BFSK 调制实验。

①用金属跳线将信号源模块产生的周期性 NRZ 码、频率为 64kHz 的正弦波信号以及频率为 32kHz 的正弦波信号分别输入数字调制模块的"FSK 基带输入""FSK 载波输入 1"和"FSK 载波输入 2"输入点。

②用双踪示波器的两个测量通道对数字调制模块的"FSK 基带输入""FSK 载波输入 1""FSK 载波输入 2"和"FSK 调制输出"信号波形进行两两对比观察。

③改变 NRZ 码的频率和码型，每次改变设置后都要重复步骤②中的实验过程。

（5）BFSK 解调实验。

①用金属跳线将数字调制模块的"FSK 调制输出"信号输出点与数字解调模块的"FSK – IN"信号输入点连接起来；用金属跳线将信号源模块的"BS"位同步信号输入点与数字解调模块的"FSK – BS"信号输入点连接起来。

②用双踪示波器的两个测量通道对数字解调模块的"FSK – IN""FSK – BS""单稳 1""单稳 2""过零检测""滤波输出""FSK – OUT"和"FSK 解调输出"信号波形进行两两对比观察。

③用双踪示波器的两个测量通道对数字调制模块的"FSK 基带输入"信号波形和数字解调模块的"FSK 解调输出"信号波形进行对比观察。

④改变 NRZ 码的频率和码型，每次改变设置后都要重复步骤②和③中的实验过程。

（6）关机拆线。

实验结束，断开电源开关，拆除金属跳线，将实验模块放回指定地方。

1.5.7　实验报告要求

（1）记录实验测量结果，在坐标纸上画出 BFSK 调制前后的波形图和 BFSK 解调前后的波形图。

（2）叙述 BFSK 调制和解调的工作过程，并分析实验现象。

1.5.8 思考题

（1）BFSK 系统与 BASK 系统有什么关系？

（2）设计 BFSK 系统的相干解调和非相干解调的原理图。

1.6 BPSK 调制与解调实验

1.6.1 实验目的

（1）理解 BPSK 调制与解调的基本原理及工作过程。

（2）掌握 BPSK 调制与解调的方法。

（3）了解 BPSK 系统的优缺点。

1.6.2 实验内容

（1）观察发送端信号在 BPSK 调制前后的波形变化。

（2）观察接收端信号在 BPSK 解调前后的波形变化。

1.6.3 实验仪器

（1）信号源模块（1 块）。

（2）数字调制模块（1 块）。

（3）数字解调模块（1 块）。

（4）20MHz 双踪示波器（1 台）。

（5）金属跳线（若干）。

1.6.4 实验预备知识

（1）预习"倒 π"现象产生的原因以及对信号解调的影响。

（2）预习 BPSK 码元序列的波形和载波与码元持续时间的关系。

1.6.5 实验原理

二进制相移键控（BPSK）就是使载波的相位随着基带数字信号（调制信号）的变化而变化。当基带数字信号的码元为"0"时，载波的相位为 0 相位；当基带数字信号的码元为"1"时，载波的相位为 π 相位。若设 $m(t)$ 为基带数字信号，其只有"0"和"1"两种取值；$c(t) = A\sin\omega_c t$ 为载波，其中，A 为振幅，ω_c 为频率；$s(t)$ 为已调信号（即 BPSK 信号），则 BPSK 的调制过程可用下式表达：

$$s(t) = \begin{cases} A\sin\omega_c t & \text{当发送码元为"0"时} \\ A\sin(\omega_c t - \pi) & \text{当发送码元为"1"时} \end{cases} \qquad (1-6-1)$$

对上式中的三角函数进行运算可得：

$$s(t) = \begin{cases} A\sin\omega_c t & \text{当发送码元为 "0" 时} \\ -A\sin\omega_c t & \text{当发送码元为 "1" 时} \end{cases} \qquad (1-6-2)$$

BPSK 信号的时域波形参见图 1.6.1。

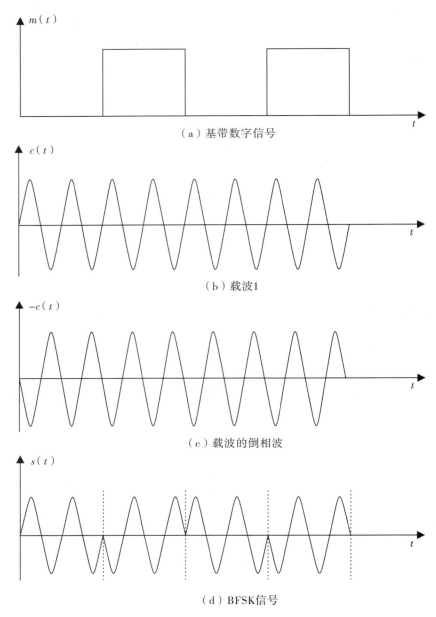

（a）基带数字信号

（b）载波1

（c）载波的倒相波

（d）BFSK信号

图 1.6.1　BPSK 信号的时域波形

（1）调制方法。

BPSK 信号可以采用开关电路来进行调制（参见图 1.6.2）。由基带数字信号来控制单刀双掷开关，当基带数字信号的码元为"0"时，开关连通与载波相连的输入点，使调制电路输出载波信号；当基带数字信号的码元为"1"时，开关连通与载波的倒相波移相 π 相连的输入点，使调制电路输出载波的倒相波信号。需要注意的是，当基带数字信号的一个码元持续时间包含整数个载波周期时，所产生的 BPSK 信号的波形在相邻两个码元之间的交界处有明显的相位跳变现象；当基带数字信号的一个码元持续时间包含的载波周期数比整数个周期多半个周期时，所产生的 BPSK 信号的波形在相邻两个码元之间的交界处没有明显的相位跳变现象。因此，在 BPSK 信号的调制过程中通常设法满足前一种条件。

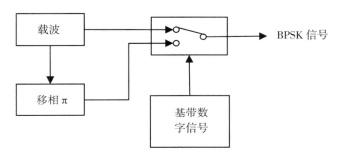

图 1.6.2　BPSK 信号调制原理图

（2）解调方法。

BPSK 信号的解调只能采用相干解调法，不能采用非相干解调法。这是因为 BPSK 信号是利用载波的相位来传递信息的，所以在接收端需要利用接收端本地载波的相位信息来解调 BPSK 信号。

BPSK 信号的解调原理如图 1.6.3 所示。BPSK 信号 $s(t)$ 到达接收端后先输入带通滤波器中，以去除信道中的部分背景噪声而提高信号质量；将带通滤波器输出的信号输入模拟乘法器中，与接收端本地载波相乘；将模拟乘法器输出的信号输入低通滤波器中，以滤除高频载波分量而保留低频包络分量；将低通滤波器输出的信号输入抽样判决器中，以准确确定每个码元的起止时刻而恢复基带数字信号 $m(t)$。为了准确地确定每个码元的起止时刻，需要用位同步脉冲来控制抽样判决器的工作。在实际应用中，很难保证接收端本地载波与发送端的载波同相位，当这两者之间存在 π 相位差时，恢复的基带数字信号就会与原始的基带数字信号完全相反，从而造成错误的恢复，这种现象称为 BPSK 信号解调的"倒 π"现象。因此，在实际的通信系统中，一般不采用 BPSK 调制方式，而采用由其改进而来的 BDPSK 调制方式。

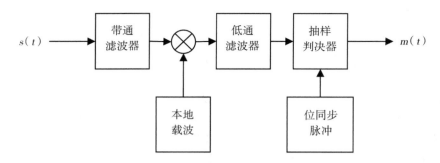

图 1.6.3　BPSK 信号解调原理图

1.6.6　实验步骤

（1）熟悉各测量点信号的具体意义。

①输入测量点说明：

PSK/DPSK 基带输入：发送端的基带数字信号输入点；

PSK/DPSK 载波输入：发送端的载波信号输入点；

DPSK – BS 输入：发送端的差分编码时钟输入点；

PSK/DPSK – IN：接收端的已调信号输入点；

PSK/DPSK – BS：接收端解调时的位同步信号输入点；

载波输入：接收端解调时的本地同步载波信号输入点。

②输出测量点说明：

PSK/DPSK 调制输出：发送端的已调信号输出点；

差分编码输出：发送端的基带数字信号经差分编码后的信号输出点；

OUT4：接收端的已调信号经模拟乘法器后的信号输出点；

PSK/DPSK – OUT：上面信号经电压比较器后的信号输出点（未经位同步判决）；

PSK 解调输出：接收端的 BPSK 解调信号输出点；

DPSK 解调输出：接收端的 BDPSK 解调信号输出点。

③控制开关说明：

拨位开关 S01：拨向"0"时，表示进行 BPSK 的调制与解调实验；拨向"1"时，表示进行 BDPSK 的调制与解调实验。

（2）插入有关实验模块。

在电源开关断开的情况下，把有关实验模块固定在实验箱上，将黑色塑封螺钉拧紧，并确保实验模块与实验箱连接部分的金属触点接触良好。

（3）通电。

插上电源线，打开实验箱上的电源开关，再打开实验模块上的电源开关，观察实验模块上的工作指示灯是否已被点亮（注意：这里仅仅是检验通电是否成功，在进行实验的过程中，每做一个实验项目都要先连线，后接通电源，禁止带电连线）。

（4）BPSK 调制实验。

①用金属跳线将信号源模块产生的周期性 NRZ 码和频率为 64kHz 的正弦波信号分

别输入数字调制模块的"PSK/DPSK 基带输入"和"PSK/DPSK 载波输入"输入点。将数字调制模块上的"拨位开关 S01"拨到"0"，选择进行 BPSK 的调制与解调实验。

②用双踪示波器的两个测量通道对数字调制模块的"PSK/DPSK 基带输入""PSK/DPSK 载波输入"和"PSK/DPSK 调制输出"信号波形进行两两对比观察。

③改变 NRZ 码的频率和码型，每次改变设置后都要重复步骤②中的实验过程。

（5）BPSK 解调实验。

①用金属跳线将数字调制模块的"PSK/DPSK 调制输出"信号输出点与数字解调模块的"PSK/DPSK – IN"信号输入点连接起来；用金属跳线将信号源模块的"64kHz 正弦波"和"BS"信号输出点分别与数字解调模块的"载波输入"和"PSK/DPSK – BS"信号输入点连接起来。

②用双踪示波器的两个测量通道对数字解调模块的"PSK/DPSK – IN""载波输入""PSK/DPSK – BS""OUT4""PSK/DPSK – OUT"和"PSK 解调输出"信号波形进行两两对比观察。

③用双踪示波器的两个测量通道对数字调制模块的"PSK/DPSK 基带输入"信号波形和数字解调模块的"PSK 解调输出"信号波形进行对比观察。

④改变 NRZ 码的频率和码型，每次改变设置后都要重复步骤②和③中的实验过程。

（6）关机拆线。

实验结束，断开电源开关，拆除金属跳线，将实验模块放回指定地方。

1.6.7　实验报告要求

（1）记录实验测量结果，在坐标纸上画出 BPSK 调制前后的波形图和 BPSK 解调前后的波形图。

（2）叙述 BPSK 调制和解调的工作过程，并分析实验现象。

1.6.8　思考题

（1）BPSK 系统与 BASK 系统有什么关系？

（2）BPSK 系统能否采用非相干的方法来进行解调？设计 BPSK 系统解调的原理图。

1.7　BDPSK 调制与解调实验

1.7.1　实验目的

（1）理解 BDPSK 调制与解调的基本原理及工作过程。

（2）掌握 BDPSK 调制与解调的方法。

（3）了解 BDPSK 系统的优缺点。

1.7.2　实验内容

（1）观察发送端信号在 BDPSK 调制前后的波形变化。

（2）观察接收端信号在 BDPSK 解调前后的波形变化。

1.7.3　实验仪器

（1）信号源模块（1 块）。

（2）数字调制模块（1 块）。

（3）数字解调模块（1 块）。

（4）20MHz 双踪示波器（1 台）。

（5）金属跳线（若干）。

1.7.4　实验预备知识

（1）预习绝对相移键控和相对相移键控的区别与联系。

（2）预习绝对码和相对码的相互转换规则。

（3）预习极性比较法的基本原理及方法。

1.7.5　实验原理

BDPSK 调制方式是 BPSK 调制方式的改进。BPSK 调制是用载波的当前码元的绝对相位来表示基带数字信号（调制信号）的码元的数字信息。这种方法存在很大的缺点，就是在对 BPSK 信号进行解调时会出现"倒 π"现象，即恢复的基带数字信号与原始的基带数字信号完全相反，从而造成错误恢复。为了避免出现这种情况，人们在 BPSK 调制方式的基础上制定了 BDPSK 调制方式。

BDPSK 调制方式是利用载波的相邻两个码元的相对相位差来表示基带数字信号的码元的数字信息。设 $\Delta\varphi$ 为当前码元与前一码元之间的相位差，则 BDPSK 的调制过程可以表示为：

$$\begin{cases} \Delta\varphi = 0 & \text{当发送码元为"0"时} \\ \Delta\varphi = \pi & \text{当发送码元为"1"时} \end{cases} \qquad (1-7-1)$$

BDPSK 调制信号的码元可以表示为：

$$s(t) = A\sin(\omega_c t + \varphi + \Delta\varphi) \qquad 0 < t \leq T \qquad (1-7-2)$$

式中，A 为振幅，ω_c 为频率，φ 为前一码元的相位，T 为码元周期。

BDPSK 调制方式和 BPSK 调制方式虽然有着本质的区别，但是这两种调制方式的已调信号波形却非常相似，因此人们通常利用 BPSK 调制方式来间接地产生 BDPSK 调制信号。间接调制过程为，人们将想要发送的原始基带数字信号先变换成实际发送的过渡基带数字信号，然后用实际发送的过渡基带数字信号来对载波进行 BPSK 调制，得到的调制信号相对于想要发送的原始基带数字信号来说就是 BDPSK 调制信号。人们将想要发送的原始基带数字信号称为绝对码，将实际发送的过渡基带数字信号称为相对码。绝对码变换为相对码的规律：绝对码中的码元"0"使相对码的码元不变，绝对码中的码元"1"使相对码的码元改变。图 1.7.1 显示了 BDPSK 调制的一个例子。图中相对码中的被括号括起来的码元为相对码的初始码元。当初始码元不同时，由相同绝对码变换来的相对码也不同。

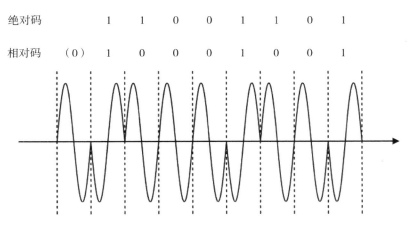

图 1.7.1　BDPSK 信号的时域波形

（1）调制方法。

BDPSK 信号可以采用开关电路来进行调制（参见图 1.7.2）。BDPSK 的调制电路与 BPSK 的调制电路非常相似，不过多了一个差分变换电路，其可以将基带数字信号（即绝对码）变换为相对码。相对码信号是用来控制一个单刀双掷开关，当相对码的码元为"0"时，开关连通与载波相连的输入点，使调制电路输出载波信号；当相对码的码元为"1"时，开关连通与载波的倒相波（移相 π）相连的输入点，使调制电路输出载波的倒相波信号。需要注意的是，为了实现 BDPSK 信号的波形在相邻两个码元之间的交界处有明显的相位跳变现象，在调制过程中应设法使基带数字信号的一个码元的持续时间包含整数个载波周期。

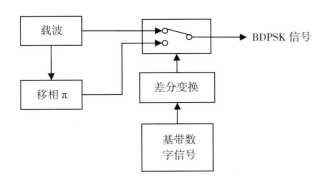

图 1.7.2　BDPSK 信号调制原理图

（2）解调方法。

BDPSK 信号的解调通常采用相干解调法。图 1.7.3 给出了 BDPSK 信号的解调原理图，这种相干解调法又称为极性比较法。BDPSK 的相干解调电路与 BPSK 的相干解调电路非常相似，只是多了一个逆差分变换电路。BDPSK 信号 $s(t)$ 到达接收端后先通过带通滤波器，然后与接收端本地载波相乘，接着依次通过低通滤波器和抽样判决器后到达逆差分变换器，从逆差分变换器输出的信号就是恢复的基带数字信号 $m(t)$。需要注意的是，逆差分变换电路之前的所有电路与 BPSK 的相干解调电路完全一样；逆差分变换电路之前的所有电路解调得到的是相对码，相对码通过逆差分变换电路后就变换成绝对码。

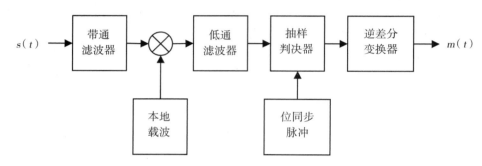

图 1.7.3　BDPSK 信号解调原理图

1.7.6　实验步骤

（1）熟悉各测量点信号的具体意义。

①输入测量点说明：

PSK/DPSK 基带输入：发送端的基带数字信号输入点；

PSK/DPSK 载波输入：发送端的载波信号输入点；

DPSK – BS 输入：发送端的差分编码时钟输入点；

PSK/DPSK – IN：接收端的已调信号输入点；

PSK/DPSK – BS：接收端解调时的位同步信号输入点；

载波输入：接收端解调时的本地同步载波信号输入点。

②输出测量点说明：

PSK/DPSK 调制输出：发送端的已调信号输出点；

差分编码输出：发送端的基带数字信号经差分编码后的信号输出点；

OUT4：接收端的已调信号经模拟乘法器后的信号输出点；

PSK/DPSK – OUT：由上面信号经电压比较器后的信号输出点（未经位同步判决）；

PSK 解调输出：接收端的 BPSK 解调信号输出点；

DPSK 解调输出：接收端的 BDPSK 解调信号输出点。

③控制开关说明：

拨位开关 S01：拨向"0"时，表示进行 BPSK 的调制与解调实验；拨向"1"时，表示进行 BDPSK 的调制与解调实验。

（2）插入有关实验模块。

在电源开关断开的情况下，把有关实验模块固定在实验箱上，将黑色塑封螺钉拧紧，并确保实验模块与实验箱连接部分的金属触点接触良好。

（3）通电。

插上电源线，打开实验箱上的电源开关，再打开实验模块上的电源开关，观察实验模块上的工作指示灯是否已被点亮（注意：这里仅仅是检验通电是否成功，在进行实验的过程中，每做一个实验项目都要先连线，后接通电源，禁止带电连线）。

（4）BDPSK 调制实验。

①用金属跳线将信号源模块产生的周期性 NRZ 码、频率为 64kHz 的正弦波信号和位同步信号 BS 分别输入数字调制模块的"PSK/DPSK 基带输入""PSK/DPSK 载波输入"和"DPSK – BS"输入点。将数字调制模块上的"拨位开关 S01"拨到"1"，选择进行 BDPSK 的调制与解调实验。

②用双踪示波器的两个测量通道对数字调制模块的"PSK/DPSK 基带输入""PSK/DPSK 载波输入""DPSK – BS""差分编码输出"和"PSK/DPSK 调制输出"信号波形进行两两对比观察。

③改变 NRZ 码的频率和码型，每次改变设置后都要重复步骤②中的实验过程。

（5）BDPSK 解调实验。

①用金属跳线将数字调制模块的"PSK/DPSK 调制输出"信号输出点与数字解调模块的"PSK/DPSK – IN"信号输入点连接起来；用金属跳线将信号源模块的"64kHz 正弦波"和"BS"信号输出点分别与数字解调模块的"载波输入"和"PSK/DPSK – BS"信号输入点连接起来。

②用双踪示波器的两个测量通道对数字解调模块的"PSK/DPSK – IN""载波输入""PSK/DPSK – BS""OUT4""PSK/DPSK – OUT"和"DPSK 解调输出"信号波形进行两两对比观察。

③用双踪示波器的两个测量通道对数字调制模块的"PSK/DPSK 基带输入"信号波形和数字解调模块的"DPSK 解调输出"信号波形进行对比观察。

④改变 NRZ 码的频率和码型，每次改变设置后都要重复步骤②和③中的实验过程。

（6）关机拆线。

实验结束，断开电源开关，拆除金属跳线，将实验模块放回指定地方。

1.7.7 实验报告要求

（1）记录实验测量结果，在坐标纸上画出 BDPSK 调制前后的波形图和 BDPSK 解调前后的波形图。

（2）叙述 BDPSK 调制和解调的工作过程，并分析实验现象。

1.7.8 思考题

（1）BDPSK 系统与 BPSK 系统有什么关系？什么是"倒 π"现象？

（2）BDPSK 系统能否采用非相干的方法进行解调？设计 BDPSK 系统解调的原理图。

第 2 章　通信原理进阶实验

2.1　模拟信号的时分复用和解复用实验

2.1.1　实验目的
（1）理解时分复用和解复用的基本原理及工作过程。
（2）掌握时分复用和解复用的方法。
（3）了解时分复用系统的优缺点。

2.1.2　实验内容
（1）观察发送端信号在时分复用前后的波形变化。
（2）观察接收端信号在时分解复用前后的波形变化。

2.1.3　实验仪器
（1）信号源模块（1 块）。
（2）模拟信号时分复用模块（1 块）。
（3）模拟信号时分解复用模块（1 块）。
（4）20MHz 双踪示波器（1 台）。
（5）金属跳线（若干）。

2.1.4　实验预备知识
（1）预习数据选通器的主要特性和工作原理。
（2）预习加法电路的工作原理和设计方法。
（3）预习电压比较器的主要特性和工作原理。
（4）预习仿真软件 Multisim 的使用方法及技巧。

2.1.5　实验原理
时分复用是把连续的时间分割成离散的时隙，将时隙按需分配给不同的信号来使用。一般情况下，每路信号都是断续发送的，且各路信号交替地发送。时分复用的依据是，在时间上连续的模拟信号可以用其在时间上离散的抽样值来确定，只要抽样速率大于模拟信号最高频率的两倍即可。

本实验是采用时分复用方式来实现两路模拟信号的复用传输。

（1）时分复用方法。

两路模拟信号时分复用传输系统的复用方法如图 2.1.1 所示。第一步，用时钟脉冲发生器产生基准时钟脉冲，基准时钟脉冲控制二分频器产生二分频脉冲。第二步，用二分频脉冲来控制开关器件将基准时钟脉冲分成两路抽样脉冲，当开关器件的控制端 C 为高电平时，开关器件的输入端 I 和输出端 O_1 连通，O_1 端输出第一路模拟信号的抽样脉冲；当开关器件的控制端 C 为低电平时，开关器件的输入端 I 和输出端 O_2 连通，O_2 端输出第二路模拟信号的抽样脉冲（注意：第一路模拟信号抽样脉冲和第二路模拟信号抽样脉冲在时间上是交错的）。第三步，第一路模拟信号抽样脉冲和第一路模拟信号通过乘法器相乘后得到第一路抽样信号；同样，第二路模拟信号抽样脉冲和第二路模拟信号通过乘法器相乘后得到第二路抽样信号。第四步，第一路抽样信号和第二路抽样信号通过加法器相加后得到含有两路信号的时分复用信号。

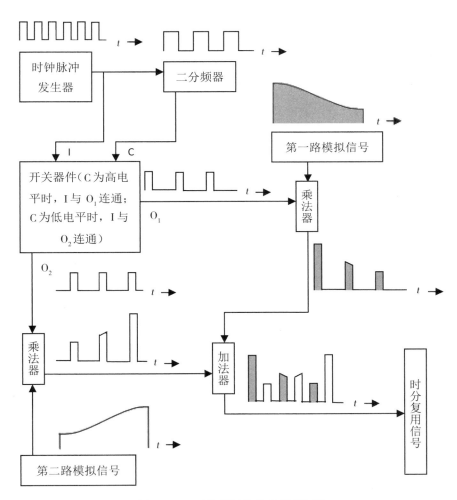

图 2.1.1 时分复用信号复用原理图

（2）时分解复用方法。

含有两路信号的时分复用信号的解复用方法如图 2.1.2 所示。第一步，含有两路信号的时分复用信号通过时钟脉冲提取器后产生基准时钟脉冲，基准时钟脉冲经过二分频器转变为二分频脉冲。第二步，二分频脉冲控制开关器件将时分复用信号中的两路信号进行分离，当开关器件的控制端 C 为高电平时，开关器件的输入端 I 和输出端 O_1 连通，O_1 端输出第一路模拟信号的抽样信号；当开关器件的控制端 C 为低电平时，开关器件的输入端 I 和输出端 O_2 连通，O_2 端输出第二路模拟信号的抽样信号。第三步，在时间上离散的第一路模拟信号抽样信号和第二路模拟信号抽样信号分别通过低通滤波器还原成在时间上连续的第一路模拟信号和第二路模拟信号。

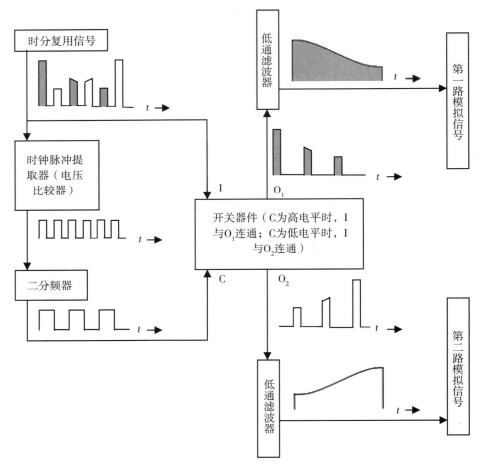

图 2.1.2　时分复用信号解复用原理图

2.1.6　实验步骤

（1）熟悉各测量点信号的具体意义。

①输入测量点说明：

S – SIG1：发送端的第一路模拟信号输入点；

S – SIG2：发送端的第二路模拟信号输入点；

TDM – BS：发送端的抽样脉冲序列输入点；

TDM – IN：接收端的时分复用信号输入点。

②输出测量点说明：

S – SAM1：发送端的第一路模拟信号的抽样信号输出点；

S – SAM2：发送端的第二路模拟信号的抽样信号输出点；

TDM 复用输出：发送端的时分复用信号输出点；

R – SAM1：接收端的解复用后的第一路信号（未经低通滤波器）输出点；

R – SIG1：接收端的上面信号经低通滤波器后的模拟信号输出点；

R – SAM2：接收端的解复用后的第二路信号（未经低通滤波器）输出点；

R – SIG2：接收端的上面信号经低通滤波器后的模拟信号输出点。

（2）插入有关实验模块。

在电源开关断开的情况下，把有关实验模块固定在实验箱上，将黑色塑封螺钉拧紧，并确保实验模块与实验箱连接部分的金属触点接触良好。

（3）通电。

插上电源线，打开实验箱上的电源开关，再打开实验模块上的电源开关，观察实验模块上的工作指示灯是否已被点亮（注意：这里仅仅是检验通电是否成功，在进行实验的过程中，每做一个实验项目都要先连线，后接通电源，禁止带电连线）。

（4）时分复用信号复用实验。

①用金属跳线将信号源模块产生的频率为 32kHz、64kHz 的正弦波信号和"BS"位同步信号分别输入模拟信号时分复用模块的"S – SIG1""S – SIG2"和"TDM – BS"输入点。

②用双踪示波器的两个测量通道对模拟信号时分复用模块的"S – SIG1""S – SIG2""TDM – BS""S – SAM1""S – SAM2"和"TDM 复用输出"信号波形进行两两对比观察。

③改变频率为 32kHz 和 64kHz 的正弦波信号的幅度，每次改变设置后都要重复步骤②中的实验过程。

（5）时分复用信号解复用实验。

①用金属跳线将模拟信号时分复用模块的"TDM 复用输出"信号输出点与模拟信号时分解复用模块的"TDM – IN"信号输入点连接起来。

②用双踪示波器的两个测量通道对模拟信号时分解复用模块的"TDM – IN""R – SAM1""R – SAM2""R – SIG1"和"R – SIG2"信号波形进行两两对比观察。

③用双踪示波器的两个测量通道将模拟信号时分复用模块的"S – SIG1"和"S – SIG2"信号波形分别与模拟信号时分解复用模块的"R – SIG1"和"R – SIG2"信号波形进行对比观察。

④改变频率为 32kHz 和 64kHz 的正弦波信号的幅度，每次改变设置后都要重复步骤②和③中的实验过程。

（6）关机拆线。

实验结束，断开电源开关，拆除金属跳线，将实验模块放回指定地方。

2.1.7　实验报告要求

（1）记录实验测量结果，在坐标纸上画出时分复用信号在发送端复用前后的波形图和在接收端解复用前后的波形图。

（2）叙述时分复用信号复用和解复用的工作过程，并分析实验现象。

2.1.8　思考题

（1）模拟信号时分复用和数字信号时分复用之间的异同点是什么？

（2）时分复用和时分多址之间有什么关系？

2.2　WDM 器件的特性与参数测试实验

2.2.1　实验目的

（1）了解波分复用（WDM）器件的工作原理及基本结构。

（2）熟悉 WDM 器件的合波与分波功能。

（3）掌握 WDM 器件的隔离度和插入损耗的测试方法。

2.2.2　实验内容

（1）利用 WDM 器件对两个不同波长的光信号进行合波与分波。

（2）测试 WDM 器件的隔离度和插入损耗。

2.2.3　实验仪器

（1）信号源模块（1 块）。

（2）模拟光信号发射模块（1 块）。

（3）模拟光信号接收模块（1 块）。

（4）20MHz 双踪示波器（1 台）。

（5）光功率计（1 台）。

（6）波分复用器（2 个）。

（7）金属跳线（若干）。

（8）光纤跳线（若干）。

（9）光纤适配器（若干）。

2.2.4　实验预备知识

（1）预习波分复用和频分复用的关系。

（2）预习光功率计的工作原理并掌握其使用方法。

（3）预习光纤适配器的作用及分类。

2.2.5 实验原理

将两个或两个以上的光波长信号耦合到同一根光纤中传输的技术称为光波分复用技术，简称 WDM。WDM 器件是一种光无源器件，其不需要借助外部的任何光或电的能量，而由其自身就能够完成合波与分波的功能，其工作原理遵守几何光学理论和物理光学理论。

（1）WDM 器件的工作原理及基本结构。

WDM 器件的工作原理依据物理光学，如利用介质薄膜的干涉滤光作用、棱镜的色散分光作用和光栅的色散分光作用等。本实验采用的 1 310/1 550nm 双波长波分复用器属于介质薄膜干涉滤光片型，其工作原理及基本结构如图 2.2.1 所示。波分复用器的核心部件是镀在玻璃衬底上的薄膜滤光片，其可以使波长为 λ_1 的光信号透射，而使波长为 λ_2 的光信号反射。波分复用器有三个端口，每个端口都有一个聚焦透镜，是用来将光信号耦合进光纤中的。

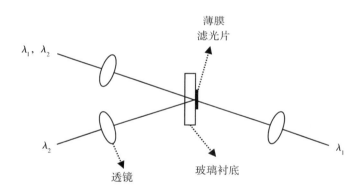

图 2.2.1 介质薄膜干涉滤光片型波分复用器

（2）WDM 器件的合波与分波功能。

波分复用器的工作原理遵守几何光学理论和物理光学理论，具有光路可逆的特性，所以波分复用器既可以实现将分离的两路光信号合并在一起的合波功能，又可以实现将合并在一起的两路光信号分离开来的分波功能。当波分复用器用来合波时称为合波器，而当其用来分波时称为分波器。通常将两个波分复用器配套使用，一个用作合波器，另一个用作分波器（参见图 2.2.2）。

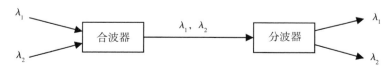

图 2.2.2 波分复用器的合波与分波功能

（3）WDM 器件的隔离度和插入损耗。

波分复用器有很多性能参数，其中最重要的两个是隔离度和插入损耗，这两个性能参数的实验测量方法如图2.2.3 所示。波分复用器有编号为 0、1 和 2 的三个端口。在理想情况下，端口 0 能通过波长为 λ_1 和 λ_2 的两种光信号，而端口 1 只能通过波长为 λ_1 的光信号，端口 2 只能通过波长为 λ_2 的光信号。但在实际情况下，当波长为 λ_1 和 λ_2 的两种光信号同时从端口 0 输入波分复用器时，端口 1 会通过少量的波长为 λ_2 的光信号，端口 2 会通过少量的波长为 λ_1 的光信号。假设从端口 0 输入的波长为 λ_1 和 λ_2 的光信号的功率分别为 P_{10} 和 P_{20}，从端口 1 输出的波长为 λ_1 和 λ_2 的光信号的功率分别为 P_{11} 和 P_{21}，从端口 2 输出的波长为 λ_1 和 λ_2 的光信号的功率分别为 P_{12} 和 P_{22}，则端口 1 和端口 2 的隔离度分别如下：

$$L_1 = -10 \lg \frac{P_{21}}{P_{11}} \qquad (2-2-1)$$

$$L_2 = -10 \lg \frac{P_{12}}{P_{22}} \qquad (2-2-2)$$

端口 1 和端口 2 的插入损耗分别如下：

$$IL_1 = -10 \lg \frac{P_{11}}{P_{10}} \qquad (2-2-3)$$

$$IL_2 = -10 \lg \frac{P_{22}}{P_{20}} \qquad (2-2-4)$$

测量隔离度和插入损耗时要用到光功率计。

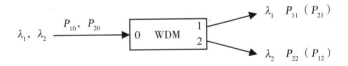

图2.2.3　波分复用器的隔离度、插入损耗实验原理图

利用光纤跳线和光纤适配器可以将 WDM 器件与其他光学器件连接起来。光纤跳线和光纤适配器有多种类型，图2.2.4 所示的是 FC – FC 型的光纤跳线和光纤适配器。在连接 WDM 器件与其他光学器件时，要将光纤跳线插头上突起的月牙与光纤适配器上的月牙缺口对准。

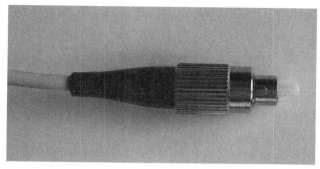

（a）FC – FC 型光纤跳线　　　　　　　（b）FC – FC 型光纤适配器

图 2.2.4　光纤跳线和光纤适配器

2.2.6　实验步骤

（1）熟悉各测量点信号的具体意义。

①输入测量点说明：

AS – SIG1：发送端的原始的第一路模拟电信号输入点；

AS – SIG2：发送端的原始的第二路模拟电信号输入点；

AR – IN1：接收端的第一路模拟光信号输入点；

AR – IN2：接收端的第二路模拟光信号输入点。

②输出测量点说明：

AS – L1：发送端的第一路模拟光信号（1 310nm）输出点；

AS – L2：发送端的第二路模拟光信号（1 550nm）输出点；

AR – E1：接收端的恢复的第一路模拟电信号输出点；

AR – E2：接收端的恢复的第二路模拟电信号输出点。

（2）插入有关实验模块。

在电源开关断开的情况下，把有关实验模块固定在实验箱上，将黑色塑封螺钉拧紧，并确保实验模块与实验箱连接部分的金属触点接触良好。

（3）通电。

插上电源线，打开实验箱上的电源开关，再打开实验模块上的电源开关，观察实验模块上的工作指示灯是否已点亮（注意：这里仅仅是检验通电是否成功，在进行实验的过程中，每做一个实验项目都要先连线，后接通电源，禁止带电连线）。

（4）合波与分波实验。

①用金属跳线将信号源模块产生的频率为 32kHz 和 64kHz 的正弦波信号分别输入模拟光信号发射模块的"AS – SIG1"和"AS – SIG2"输入点；用光纤跳线将模拟光信号发射模块的"AS – L1"和"AS – L2"输出点分别与用作合波器的波分复用器的端口 1 和端口 2 相连；用光纤跳线将用作合波器的波分复用器的端口 0 与用作分波器的波分复用器的端口 0 相连；用光纤跳线将用作分波器的波分复用器的端口 1 和端口 2 分别与模拟光信号接收模块的"AR – IN1"和"AR – IN2"输入点相连。

②用双踪示波器的两个测量通道对模拟光信号发射模块的"AS – SIG1"与"AS –

SIG2"输入点和模拟光信号接收模块的"AR – E1"与"AR – E2"输出点的信号波形进行两两对比观察。

③改变频率为 32kHz 和 64kHz 的正弦波信号的幅度,每次改变设置后都要重复步骤②中的实验过程。

(5) 测量隔离度和插入损耗实验。

①用金属跳线将信号源模块产生的频率为 32kHz 的正弦波信号输入模拟光信号发射模块的"AS – SIG1"输入点;用光功率计测量模拟光信号发射模块的"AS – L1"输出点的光信号功率;用光纤跳线将模拟光信号发射模块的"AS – L1"输出点与波分复用器的端口 0 相连;用光功率计测量波分复用器的端口 1 和端口 2 的光信号功率。

②用金属跳线将信号源模块产生的频率为 32kHz 的正弦波信号输入模拟光信号发射模块的"AS – SIG2"输入点;用光功率计测量模拟光信号发射模块的"AS – L2"输出点的光信号功率;用光纤跳线将模拟光信号发射模块的"AS – L2"输出点与波分复用器的端口 0 相连;用光功率计测量波分复用器的端口 1 和端口 2 的光信号功率。

③根据上面的测量数据计算出所测波分复用器的隔离度和插入损耗。

④换一个波分复用器,重复步骤① ~ ③中的实验过程。

(6) 关机拆线。

实验结束,断开电源开关,拆除跳线,将实验模块放回指定地方。

2.2.7　实验报告要求

(1) 测量 WDM 器件各个端口的光信号功率,并计算 WDM 器件的隔离度和插入损耗。

(2) 叙述 WDM 器件的工作原理,并分析实验现象。

2.2.8　思考题

(1) 为什么 WDM 器件既可以用作合波器又可以用作分波器?

(2) WDM 器件是光无源器件还是光有源器件?

2.3　语音信号的波分复用光纤通信系统设计

2.3.1　实验目的

(1) 了解语音信号的模拟通信系统与数字通信系统的区别。

(2) 熟悉语音信号经光纤通信的全过程及通信系统性能的测试方法。

(3) 掌握利用波分复用技术同时传输两路语音信号的方法。

2.3.2　实验内容

(1) 搭建语音信号的双模拟信号的波分复用光纤通信系统,并对其通信性能进行测试。

（2）搭建语音信号的双数字信号的波分复用光纤通信系统，并对其通信性能进行测试。

（3）搭建语音信号的模拟信号与数字信号混合的波分复用光纤通信系统，并对其通信性能进行测试。

2.3.3 实验仪器

（1）信号源模块（1块）。

（2）模拟光信号发射模块（1块）。

（3）模拟光信号接收模块（1块）。

（4）数字光信号发射模块（1块）。

（5）数字光信号接收模块（1块）。

（6）20MHz双踪示波器（1台）。

（7）光功率计（1台）。

（8）波分复用器（2个）。

（9）立体声音频播放器（1个）。

（10）立体声耳机（1副）。

（11）金属跳线（若干）。

（12）光纤跳线（若干）。

（13）光纤适配器（若干）。

（14）3.5mm立体声对2RCA左右音频线（2条）。

（15）法兰式可调光衰减器（若干）。

2.3.4 实验预备知识

（1）预习产生码间串扰的原因和降低码间串扰的方法。

（2）预习奈奎斯特准则的内容及证明方法。

（3）预习光衰减器的工作原理并掌握其使用方法。

2.3.5 实验原理

人们发出和听到的语音信号是声波，声波需要先转换成电信号（如电压、电流、无线电波和光波等形式）才能通过现代通信系统实现远距离长途传输。现代通信系统的主干通信网络主要采用光纤通信方式。初期的光纤通信系统只能实现用一根光纤传输一路语音信号，后来采用复用的方法，实现了用一根光纤传输多路语音信号。

（1）单路语音信号的光纤通信系统。

光纤通信系统主要有两种：模拟光纤通信系统和数字光纤通信系统。这两种通信系统都可以传输语音信号，不过，两者对光信号的调制方式不同。

①模拟光纤通信系统。

人们发出的原始语音信号是声波，其通过麦克风等设备能够转换成电信号。该电信号的强度随声波强度的变化而变化，且其在强度上的取值是连续的，是一个模拟电信号。模拟电信号直接对发光二极管（LD）或激光二极管（LED）进行调制来控制其发光的强度，产生在强度上取值连续的模拟光信号。模拟光信号在发送端耦合入光纤中，然后通过光纤传输到达接收端。接收端的光电二极管（PIN 或 APD）将模拟光信号转换成模拟电信号，模拟电信号驱动扬声器产生人们能够听到的声音信号。通过上述过程，可以实现语音信号的模拟光纤通信（参见图 2.3.1）。

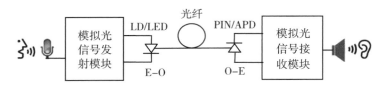

图 2.3.1　语音信号模拟光纤通信系统的基本原理图

②数字光纤通信系统。

语音信号的数字光纤通信系统比其模拟光纤通信系统多了模数和数模转换步骤。在数字光纤通信系统中，由麦克风产生的在强度上取值连续的模拟电信号并不直接对发光二极管（LD）或激光二极管（LED）进行调制，而是先通过模数转换电路转变为在强度上取值离散的数字电信号（在本实验中采用二进制数字电信号），然后利用数字电信号对发光二极管（LD）或激光二极管（LED）进行调制来产生在强度上取值离散的数字光信号。将数字光信号耦合入光纤中进行传输就可以实现语音信号的数字光纤通信，如图 2.3.2 所示。需要强调的是，图 2.3.2 中的数字光信号发射模块比图 2.3.1 中的模拟光信号发射模块多了一个模数转换电路；另外，图 2.3.2 中的数字光信号接收模块比图 2.3.1 中的模拟光信号接收模块多了一个数模转换电路。

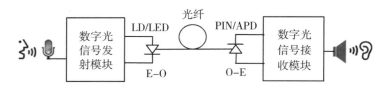

图 2.3.2　语音信号数字光纤通信系统的基本原理图

（2）多路语音信号的波分复用光纤通信系统。

实现多路语音信号在一根光纤中同时传输的方法主要有三种：波分复用、时分复用和码分复用。本实验采用波分复用方法来实现两路语音信号在一根光纤中同时传输。在实验中，可以选择两路语音信号都采用模拟光信号传输的方式；也可以选择两路语音信号都采用数字光信号传输的方式；还可以选择一路语音信号采用模拟光信号传输，而另一路语音信号采用数字光信号传输的方式。

①双模拟信号的波分复用光纤通信系统。

双模拟信号波分复用光纤通信系统的基本原理如图2.3.3所示。音频信号1与音频信号2分别用波长为1 310nm和1 550nm的光波传输。波长不同的两个光波都被调制成在强度上取值连续的模拟光信号。两路模拟光信号在发送端通过作为合波器的波分复用器耦合进一根光纤中同时传输。叠加在一起且波长不同的两路光信号到达接收端后通过作为分波器的波分复用器分离开来。这样就达到了用一根光纤同时传输两路语音信号的目的。

②双数字信号的波分复用光纤通信系统。

双数字信号波分复用光纤通信系统的基本原理如图2.3.4所示，其与双模拟信号波分复用光纤通信系统的基本原理（参见图2.3.3）大致相同；不同之处是，在这里传输的波长不同的两个光波都是被调制成在强度上取值离散的数字光信号。

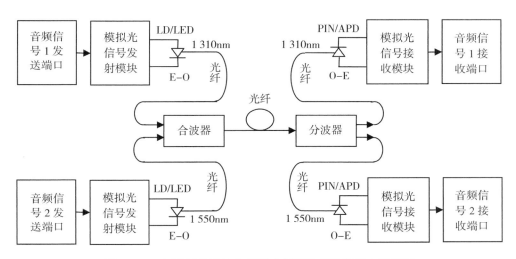

图2.3.3　双模拟信号波分复用光纤通信系统的基本原理图

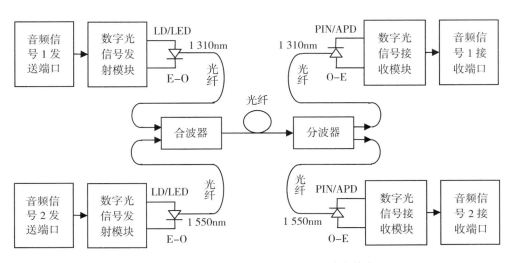

图2.3.4　双数字信号波分复用光纤通信系统的基本原理图

③模拟信号与数字信号混合的波分复用光纤通信系统。

模拟信号与数字信号混合的波分复用光纤通信系统的基本原理如图 2.3.5 所示，其与双模拟信号波分复用光纤通信系统的基本原理（参见图 2.3.3）大致相同；不同之处是，在这里波长为 1 310nm 的光波被调制成在强度上取值连续的模拟光信号，而波长为 1 550nm 的光波被调制成在强度上取值离散的数字光信号。

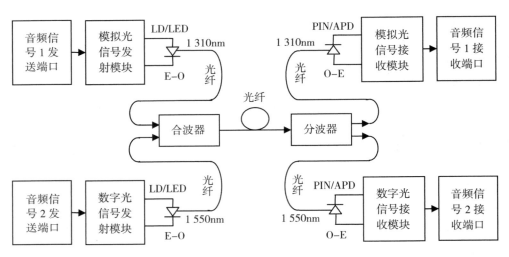

图 2.3.5　模拟信号与数字信号混合的波分复用光纤通信系统的基本原理图

2.3.6　实验步骤

（1）熟悉各测量点信号的具体意义。

①输入测量点说明：

AS – SIG1：模拟光信号发射模块的原始的第一路模拟电信号输入点；

AS – SIG2：模拟光信号发射模块的原始的第二路模拟电信号输入点；

AR – IN1：模拟光信号接收模块的第一路模拟光信号输入点；

AR – IN2：模拟光信号接收模块的第二路模拟光信号输入点；

DS – SIG1：数字光信号发射模块的原始的第一路模拟电信号输入点；

DS – SIG2：数字光信号发射模块的原始的第二路模拟电信号输入点；

DR – IN1：数字光信号接收模块的第一路数字光信号输入点；

DR – IN2：数字光信号接收模块的第二路数字光信号输入点。

②输出测量点说明：

AS – L1：模拟光信号发射模块的第一路模拟光信号（1 310nm）输出点；

AS – L2：模拟光信号发射模块的第二路模拟光信号（1 550nm）输出点；

AR – E1：模拟光信号接收模块的恢复的第一路模拟电信号输出点；

AR – E2：模拟光信号接收模块的恢复的第二路模拟电信号输出点；

DS – ADC1：数字光信号发射模块的第一路数字电信号输出点；

DS – ADC2：数字光信号发射模块的第二路数字电信号输出点；

DS－L1：数字光信号发射模块的第一路数字光信号（1 310nm）输出点；

DS－L2：数字光信号发射模块的第二路数字光信号（1 550nm）输出点；

DR－DAC1：数字光信号接收模块的第一路数字电信号输出点；

DR－DAC2：数字光信号接收模块的第二路数字电信号输出点；

DR－E1：数字光信号接收模块的恢复的第一路模拟电信号输出点；

DR－E2：数字光信号接收模块的恢复的第二路模拟电信号输出点。

（2）插入有关实验模块。

在电源开关断开的情况下，把有关实验模块固定在实验箱上，将黑色塑封螺钉拧紧，并确保实验模块与实验箱连接部分的金属触点接触良好。

（3）通电。

插上电源线，打开实验箱上的电源开关，再打开实验模块上的电源开关，观察实验模块上的工作指示灯是否已被点亮（注意：这里仅仅是检验通电是否成功，在进行实验的过程中，每做一个实验项目都要先连线，后接通电源，禁止带电连线）。

（4）语音信号的双模拟信号的波分复用光纤通信实验。

①将信号源模块产生的频率为 32kHz 和 64kHz 的正弦波信号分别输入模拟光信号发射模块的"AS－SIG1"和"AS－SIG2"输入点，用合波器将模拟光信号发射模块的"AS－L1"和"AS－L2"输出点输出的两路模拟光信号耦合进一根光纤中。另外，用法兰式可调光衰减器将合波器和分波器连接起来，用分波器将叠加在一起的两路模拟光信号分离开来，并将分离开的 1 310nm 光信号和 1 550nm 光信号分别输入模拟光信号接收模块的"AR－IN1"和"AR－IN2"输入点。

②用双踪示波器的两个测量通道对模拟光信号发射模块的"AS－SIG1"与"AS－SIG2"输入点和模拟光信号接收模块的"AR－E1"与"AR－E2"输出点的信号波形进行两两对比观察。另外，用法兰式可调光衰减器来调节光信号的衰减程度，同时用双踪示波器观察模拟光信号接收模块各测量点信号波形的变化。

③将立体声音频播放器输出的左声道和右声道音频信号分别输入模拟光信号发射模块的"AS－SIG1"和"AS－SIG2"输入点，将模拟光信号接收模块的"AR－E1"与"AR－E2"输出点的输出信号分别作为立体声耳机的左声道和右声道音频信号。用法兰式可调光衰减器来调节光信号的衰减程度，同时仔细听立体声耳机发出的声音信号的音质变化。

（5）语音信号的双数字信号的波分复用光纤通信实验。

①将信号源模块产生的频率为 32kHz 和 64kHz 的正弦波信号分别输入数字光信号发射模块的"DS－SIG1"和"DS－SIG2"输入点，用合波器将数字光信号发射模块的"DS－L1"和"DS－L2"输出点输出的两路数字光信号耦合进一根光纤中。另外，用法兰式可调光衰减器将合波器和分波器连接起来，用分波器将叠加在一起的两路数字光信号分离开来，并将分离开的 1 310nm 光信号和 1 550nm 光信号分别输入数字光信号接收模块的"DR－IN1"和"DR－IN2"输入点。

②用双踪示波器的两个测量通道对数字光信号发射模块的"DS－SIG1""DS－SIG2""DS－ADC1"与"DS－ADC2"测量点和数字光信号接收模块的"DR－E1"

"DR－E2""DR－DAC1"与"DR－DAC2"测量点的信号波形进行两两对比观察。另外，用法兰式可调光衰减器来调节光信号的衰减程度，同时用双踪示波器观察数字光信号接收模块各测量点信号波形的变化。

③将立体声音频播放器输出的左声道和右声道音频信号分别输入数字光信号发射模块的"DS－SIG1"和"DS－SIG2"输入点，将数字光信号接收模块的"DR－E1"与"DR－E2"输出点的输出信号分别作为立体声耳机的左声道和右声道音频信号。另外，用法兰式可调光衰减器来调节光信号的衰减程度，同时仔细听立体声耳机发出的声音信号的音质变化。

（6）语音信号的模拟信号与数字信号混合的波分复用光纤通信实验。

①将信号源模块产生的频率为 32kHz 和 64kHz 的正弦波信号分别输入模拟光信号发射模块的"AS－SIG1"输入点和数字光信号发射模块的"DS－SIG2"输入点，用合波器将模拟光信号发射模块的"AS－L1"输出点输出的模拟光信号和数字光信号发射模块的"DS－L2"输出点输出的数字光信号耦合进一根光纤中。另外，用法兰式可调光衰减器将合波器和分波器连接起来，用分波器将叠加在一起的模拟光信号和数字光信号分离开来，并将分离开的 1 310nm 光信号和 1 550nm 光信号分别输入模拟光信号接收模块的"AR－IN1"输入点和数字光信号接收模块的"DR－IN2"输入点。

②用双踪示波器的两个测量通道对光信号发射模块的"AS－SIG1""DS－SIG2"与"DS－ADC2"测量点和光信号接收模块的"AR－E1""DR－E2"与"DR－DAC2"测量点的信号波形进行两两对比观察。另外，用法兰式可调光衰减器来调节光信号的衰减程度，同时用双踪示波器观察光信号接收模块各测量点波形的变化。

③将立体声音频播放器输出的左声道和右声道音频信号分别输入模拟光信号发射模块的"AS－SIG1"输入点和数字光信号发射模块的"DS－SIG2"输入点，将模拟光信号接收模块"AR－E1"输出点和数字光信号接收模块"DR－E2"输出点的输出信号分别作为立体声耳机的左声道和右声道音频信号。另外，用法兰式可调光衰减器来调节光信号的衰减程度，同时仔细听立体声耳机发出的声音信号的音质变化。

（7）关机拆线。

实验结束，断开电源开关，拆除跳线，将实验模块放回指定地方。

2.3.7 实验报告要求

（1）分别叙述语音信号通过模拟光纤通信系统和数字光纤通信系统传输的过程。

（2）观察当两路语音信号通过波分复用光纤通信系统同时传输时，两路语音信号之间的串扰现象，并分析串扰现象产生的原因。

2.3.8 思考题

（1）时分复用与波分复用的不同之处是什么？

（2）模拟光纤通信系统与数字光纤通信系统在基本结构上有什么区别和联系？

第3章 通信原理综设实验

3.1 数字音频信号传输系统的研究与设计

3.1.1 实验目的
（1）了解模数转换器和数模转换器的工作原理，掌握其使用方法。
（2）了解群同步码组的功能和特点，掌握其产生和检测方法。
（3）了解数字通信系统的数据结构，掌握信息码组与群同步码组的合并及分离方法。
（4）了解数字通信系统的功能原理，掌握其组建方法。

3.1.2 实验内容
（1）设计模数转换电路和数模转换电路。
（2）设计群同步码组的产生电路和检测电路。
（3）设计信息码组与群同步码组的合并电路及分离电路。
（4）用上述电路模块组建数字信号传输系统并对系统性能进行测试。

3.1.3 实验仪器
（1）通信系统实验箱（1台）。
（2）20MHz双踪示波器（1台）。
（3）信号发生器（1台）。
（4）数字万用表（1台）。
（5）模数转换器（1个）。
（6）数模转换器（1个）。
（7）移位寄存器（若干）。
（8）集成运算放大器（若干）。

3.1.4 实验预备知识
（1）预习模数转换器ADC0832和数模转换器DAC0832的主要特性与工作原理。
（2）预习芯片CD4060和移位寄存器74LS165的主要特性与工作原理。
（3）预习仿真软件Proteus的使用方法及技巧。

3.1.5　实验原理

一般情况下，来自信号源的原始语音信号和图像信号通常都是模拟信号，模拟信号要想通过数字信道传输就需要先转换成数字信号。模数转换过程一般包括三个步骤：抽样、量化和编码。模数转换器输出的数字信号是信息码组。为了将相邻的信息码组有效区分，需要在信息码组之间插入群同步码组。由群同步码组和信息码组构成的数据帧从信号发射端经数字信道传输就可到达信号接收端。信号接收端先从数据帧中检测和提取出群同步码组，接着利用提取出的群同步码组将数据帧中相邻的信息码组有效区分，然后利用数模转换器将信息码组转换为模拟信号。通过上述过程就可以实现用数字信道传输模拟信号。

3.1.6　实验步骤

（1）利用计算机辅助设计软件分别对模数转换电路、群同步码组产生电路、信息码组与群同步码组的合并电路进行设计和仿真。

（2）在步骤（1）的基础上，将模数转换电路、群同步码组产生电路、信息码组与群同步码组的合并电路组合成信号发射端电路，并对其性能进行仿真测试。

（3）利用计算机辅助设计软件分别对群同步码组检测电路、信息码组与群同步码组的分离电路、数模转换电路进行设计和仿真。

（4）在步骤（3）的基础上，将群同步码组检测电路、信息码组与群同步码组的分离电路、数模转换电路组合成信号接收端电路，并对其性能进行仿真测试。

（5）参照步骤（2）和（4）的仿真结果，分别制作信号发射端和信号接收端的实物器件，并进行性能测试。

3.1.7　实验报告要求

（1）实验报告中应具体写明实验名称、实验目的和所用的实验仪器；对实验原理、实验内容和实验步骤要有详细的描述，要记录实验中的注意事项。

（2）在报告中要详细记录实验数据，并结合课程相关知识对数据结果进行分析。

（3）总结在整个实验过程中所遇到的问题、困难与解决方法，以及自己的收获和体会。

3.1.8　思考题

（1）模数转换过程中的量化噪声与什么有关？如何提高信号量噪比？

（2）假同步概率和漏同步概率之间存在什么样的关系？它们各自与什么因素有关？

（3）模拟通信系统和数字通信系统的区别是什么？它们各自有哪些优缺点？

3.2　基于脉宽调制的可见光通信系统设计

3.2.1　实验目的

（1）了解脉冲宽度调制技术的基本原理，掌握其调制和解调方法。

（2）理解可见光 LED 的基本原理，掌握其驱动电路的设计方法。

（3）理解光电二极管探测器的基本原理，掌握其驱动电路的设计方法。

（4）了解小信号放大技术，掌握小信号功率放大电路的设计方法。

（5）熟悉可见光通信系统的性能指标，掌握测量可见光通信系统信号传输质量的方法。

3.2.2　实验内容

（1）设计脉冲宽度调制电路和解调电路。

（2）设计可见光 LED 的驱动电路。

（3）设计光电二极管探测器的驱动电路。

（4）设计小信号功率放大电路。

（5）用上述电路模块组建基于脉宽调制的可见光通信系统并对系统的性能进行测试。

3.2.3　实验仪器

（1）通信系统实验箱（1 台）。

（2）光功率计（1 台）。

（3）20MHz 双踪示波器（1 台）。

（4）信号发生器（1 台）。

（5）数字万用表（1 台）。

（6）可见光 LED（1 个）。

（7）光电二极管探测器（1 个）。

（8）555 定时器（若干）。

（9）集成运算放大器（若干）。

3.2.4　实验预备知识

（1）预习 555 定时器的主要特性和工作原理。

（2）预习脉冲宽度调制、脉冲位置调制和脉冲振幅调制的区别与联系。

（3）预习脉冲宽度调制信号与数字调制信号的区别与联系。

3.2.5　实验原理

利用可见光波段的光线作为信息载体来进行通信称为可见光通信（Visible Light

Communication，VLC）。可见光通信系统可以在空气中直接传输光信号，而并不需要像光纤等有线链路的传输介质，是一种无线通信系统。可见光通信技术在进行照明的同时，变相地实现近乎零耗能通信。另外，光通信技术还可以有效避免传统无线电通信方式存在的电磁信号容易泄露的情况，从而成为抗干扰能力强、不容易被窃听的安全通信系统。自从进入 21 世纪后，可见光发光二极管（Light Emitting Diode，LED）灯的性能逐渐得到提高，其相比于荧光灯和白炽灯不仅更节能，而且能够支持更快速的光强变化。目前，可见光 LED 灯的性能已经完全可以支撑大容量高速率的可见光通信系统。

3.2.6 实验步骤

（1）利用计算机辅助设计软件分别对脉冲宽度调制电路、可见光 LED 驱动电路进行设计和仿真。

（2）在步骤（1）的基础上，将脉冲宽度调制电路和可见光 LED 驱动电路组合成信号发射端电路，并对其性能进行仿真测试。

（3）利用计算机辅助设计软件分别对光电二极管探测器驱动电路、脉冲宽度解调电路、小信号功率放大电路进行设计和仿真。

（4）在步骤（3）的基础上，将光电二极管探测器驱动电路、脉冲宽度解调电路和小信号功率放大电路组合成信号接收端电路，并对其性能进行仿真测试。

（5）参照步骤（2）和（4）的仿真结果，分别制作信号发射端和信号接收端的实物器件，并进行性能测试。

3.2.7 实验报告要求

（1）实验报告中应清楚地写明实验名称、实验目的和所用的实验仪器；对实验原理、实验内容和实验步骤要有详细的描述，要记录实验中的注意事项。

（2）在报告中要详细记录实验数据，并要结合课程相关知识对数据结果进行分析。

（3）总结在整个实验过程中所遇到的问题、困难与解决方法，以及自己的收获和体会。

3.2.8 思考题

（1）脉冲振幅调制、脉冲宽度调制和脉冲位置调制这三种调制方式有什么异同点？

（2）相比于传统的无线通信，可见光通信有什么优点和缺点？

（3）如何降低背景光对可见光通信系统的干扰？

第二编　光纤通信技术实验

　　光纤通信技术在近三四十年里有了很大的发展，目前它和移动通信、数据通信已经成为电信领域发展的基石。光纤通信技术的迅猛发展，为信息化社会注入了无限的生机和活力。光纤通信作为现代信息技术的一个重要组成部分，集成了激光技术、材料技术、通信技术、系统工程以及计算机科学与技术等，是目前通信领域中十分活跃的高新前沿研究领域之一。近年来，全国很多高校新增光信息科学与技术专业，其中光纤通信技术大都被作为专业基础课程而开设，但这门课程涉及的知识点很多，而且涉及的技术更新很快，讲授起来比较困难。为了让学生更加容易理解光纤通信技术，学校开设了光纤通信实验课，以便学生结合课堂教学亲自实践，使其在实验过程中理清思路，并理解光纤通信的本质。

　　光纤通信技术实验是我们自己画 PCB 板，然后根据 PCB 板电路图来设计实验，尽量做到将抽象的理论知识灵活地运用到实际的实验系统中。各种光纤通信链路的搭建，让学生更加具体地理解各个光纤通信系统中的物理概念，并且在整个实验过程中产生一种直观的感性认识，之后通过这些概念学会处理光纤通信中的实际问题，懂得怎么优化整个系统。实验的内容紧密联系光纤通信中的一些具体的基础应用，充分体现学以致用的教学思想，由浅入深，环环相扣，先让学生从基础入手，后面逐渐加深理解，最后由学生自己来设计一个光纤通信系统。

第 4 章 光纤通信技术基础实验

光学器件属于昂贵器件，做光纤通信实验时，务必仔细阅读实验指导书上的操作步骤再开机进行实验，正确连接导线，以免造成光学器件或芯片的损坏。在使用实验箱的过程中应有防静电措施，以防静电损坏光学器件。在安装和拆卸过程中请轻拿轻放，实验时不可将光纤输出端对准自己或别人的眼睛，以免损伤眼睛。进行光纤传输实验时，半导体激光器驱动电流不要超过 30mA，不要用手触摸激光器和探测器的焊点，以免烧坏激光器与探测器；也不要用力拉扯光纤，否则可能导致光纤折断（光纤弯曲半径一般不小于30mm）。实验箱使用完毕，请立即将防尘帽盖住光纤输入、输出端口，用光纤端面防尘盖盖住光纤跳线端面，防止灰尘进入光纤端面而影响光信号的传输。妥善保管光纤跳线接头，防止磕碰，使用后及时戴上防尘帽；若不小心把光纤输出端的接口弄脏，需用酒精棉球进行擦拭。

4.1 光纤端面处理、耦合及熔接

4.1.1 实验目的
（1）了解光纤以及熔接光纤要使用到的工具。
（2）掌握基本的熔接光纤的技术。
（3）掌握光纤之间的耦合、调试技术，了解光纤横向和纵向偏差对光纤耦合损耗的影响。

4.1.2 实验仪器
（1）光纤跳线（两端均为 FC 型接口）（1 根）。
（2）裸光纤（若干）。
（3）FC 型裸纤适配器（2 个）。
（4）稳定光源（1 台）。
（5）光功率计（1 台）。
（6）显微镜（1 台）。
（7）光纤切割刀（1 台）。
（8）光纤熔接机（1 台）。
（9）光纤剥皮钳（1 把）。
（10）剪刀、小刀（各 1 把）。
（11）酒精泵瓶（1 个）。

4.1.3 实验预备知识

光纤熔接机主要用于光通信中光缆的施工和保护，其主要是靠放出电弧将两头光纤熔化，同时运用准直原理平缓推进，以实现光纤模场的耦合。光纤端面平如镜面，熔接机中有两个相距很近的电极（距离大约为 0.7mm），在电极加压放电时，产生的电弧温度很高，可以迅速将距离很近的两根制作好的端面的裸光纤熔化，然后连接在一起。光纤端面处理质量的好坏直接影响到后续的光纤损耗和光纤与光源或光探测器的耦合效率，因此这项实验是其他后续实验的基础，直接影响到后续其他实验的实验效果。

（1）光纤涂覆层和套塑层的剥除。

一般光纤的结构是由纤芯、包层、涂覆层和套塑层组成，真正的光传输介质是纤芯和包层，涂覆层和套塑层只是起保护作用。在制备光纤头之前，需要剥除光纤的涂覆层和套塑层，使光纤的包层裸露出来。

一种剥除方法是用刀片切削。使光纤头与刀口之间呈一个小的角度，用左手拇指将光纤头压在刀口上，右手拉动光纤即可剥除套塑层。但是这种方法要求有一定的技巧，不能用力过猛，以免将包层和纤芯损伤。

另一种比较简便的方法是将光纤头在塑料溶剂中浸泡几分钟，然后用脱脂棉擦除套塑层。涂覆层也可以用类似方法剥除，但必须用蘸有乙醇—乙醚混合溶液的脱脂棉将光纤头清洗干净。另外，现在也有专用的剥除工具，例如，采用剥皮钳进行剥除；包层表面的清洁既可采用物理方法，也可采用化学方法；采用不同的切割工具对光纤端面进行切割。

（2）光纤头的制备。

对于平面光纤头的基本要求是，光纤端面应是一个平整的镜面，且与光纤轴垂直。因此，将光纤简单地"一刀两断"是不行的，必须根据光纤的材料与品种选择合适的端面处理技术。对于石英系光纤，制备平面光纤头的常用方法有加热法、切割法和研磨法。本实验采用切割法。

切割法又称刻痕拉断法。它利用钻石或金刚石特制的光纤切割刀先在光纤侧表面垂直于光纤轴轻轻刻一小口，然后施加弯曲应力拉动光纤使其折断。用这种方法制备平面光纤头的成功率一般较高，稍加训练即可获得满意的效果，因此已成为目前最常用的光纤头处理技术。

（3）光纤头质量的检验。

光纤微透镜质量的好坏可依据其与 LD 耦合时的损耗来判定。检验平面光纤端面的最好办法就是向光纤注入 He - Ne 光，观察由光纤输出的光斑的质量。一个好的光纤端面其输出光斑应该是圆形的，边缘清晰且与光纤轴线方向垂直。如果光纤端面质量不高，则光斑就会发生散射或倾斜。如果条件允许，还可以采用更精密的检测方法，如用高倍率的显微镜进行检验。具体方法：首先正面观察光纤端面，应该是均匀、无裂痕、圆周轮廓清晰。然后侧面观察光纤，其端部边缘应齐整、无凹陷或尖劈，且边缘与光纤轴线垂直。

4.1.4 实验原理

光纤的连接质量、损耗的大小直接关系到光传输的性能。光纤的连接方式有固定连接和活动连接两种。按照光纤的固定连接标准可知，多模光纤的连接损耗应小于0.1dB，单模光纤的连接损耗应小于0.05dB。在光纤的固定连接中造成连接损耗的原因有：

（1）两根光纤的纤轴错位。

（2）两根光纤的纤芯不同。

（3）两根光纤的数值孔径不同。

（4）两根光纤因折射率不同造成的场分布差异。

（5）两根光纤角向位移。

（6）两光纤包层与纤芯不同造成的纤芯轴错位。

4.1.5 实验步骤

（1）光纤端面处理，按以下步骤处理光纤及待焊接光纤端面：

①从光纤跳线的中间剪断光纤。

②用刀片剥除光纤涂覆层和套塑层，使光纤包层裸露20～30cm长。

③用脱脂棉蘸乙醇—乙醚混合溶液清洗光纤头。

④用光纤切割刀在距光纤端面5cm处刻一小口。

⑤施加拉力使光纤端面折断形成镜面。

⑥在显微镜下检验光纤端面。

由于本实验还提供了裸光纤，所以可直接剪一段裸光纤用光纤剥皮钳除掉涂覆层再进行切割以得到端面垂直的光纤，具体步骤如下：

①剪一段裸光纤，长约60cm，将两端的涂覆层除掉，并保证除掉涂覆层的光纤长约10cm。

②用酒精泵瓶中的无水酒精清洗光纤头。

③用光纤切割刀将两光纤端面切割整齐。

④在显微镜下检验光纤端面。

（2）光纤熔接。

将经过端面处理后的裸光纤放入光纤熔接机内进行熔接，工作方式设置成手动或自动均可。

（3）光纤熔接质量测试。

光纤熔接完成后，若光纤熔接机没有测试连接损耗的功能，则还需要用其他方式测试其连接损耗，以确定熔接的质量，其测试原理如图4.1.1、图4.1.2所示。

图 4.1.1　FC 型接口光纤跳线连接损耗测试图

图 4.1.2　裸光纤连接损耗测试图

用光功率计直接测试 LD 激光二极管输出的光功率，记为 P_1；再将 LD 激光二极管的输出端通过熔接好的光纤接到光功率计上，测得此时的光功率值，记为 P_2；最后根据公式计算焊点损耗（∂）：

$$\partial = -10 \lg \frac{P_2}{P_1} \qquad\qquad (4-1-1)$$

（4）关闭焊接机电源，实验结束。

4.1.6　思考题

（1）对光纤耦合效率影响较大的是光纤的纵向偏差还是横向偏差？结合实验谈谈感性认识，并用理论进行解释。

（2）该实验测得的焊点损耗是否就是焊点的实际损耗？

4.2　CPLD 可编程器件信号产生及成形

4.2.1　实验目的

（1）了解光纤通信原理实验系统的电路组成。

（2）熟悉光纤通信系统发送端信号产生的方法。

（3）熟悉各种数字信号的特点及波形。

（4）学会正确使用数字示波器测试分析相关波形。

4.2.2　实验仪器

（1）信号源模块（1 块）。

（2）连接线（若干）。

（3）20MHz 双踪示波器（1 台）。

4.2.3 实验预备知识

（1）预习数字光纤通信的基本原理。

（2）熟悉数字光纤通信系统与模拟光纤通信系统的优缺点。

4.2.4 实验原理

光纤通信实验系统中需要用到各种信号，除了不同频率、不同脉冲宽度的时钟信号、同步脉冲信号之外，还有伪随机序列码、CMI 码、误码、扰码等测试信号。本实验中用到的 CPLD 可编程器件是由 ALTERA 公司的 EPM240T100C5、下载接口电路和一块晶振组成，晶振 JZ1 用来产生系统内的 32.768 MHz 主时钟。本实验要求实验操作者了解这些信号的产生方法、工作原理以及测量方法，才可通过 CPLD 可编程器件的二次开发生成这些信号，理论联系实验，提高实际操作能力。

（1）CPLD 数字信号发生器。

CPLD 数字信号发生器包括以下五个部分：①时钟信号产生电路。②伪随机码产生电路。③帧同步信号产生电路。④NRZ 码复用电路及码选信号产生电路。⑤终端接收解复用电路。

（2）实验系统结构图。

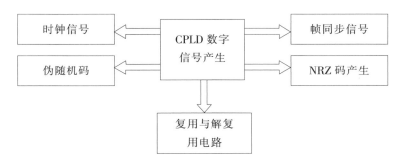

图 4.2.1 实验系统结构图

（3）拨盘开关控制功能。

编码模块的编码开关 S301 控制编码模块输出不同的波形，拨盘开关控制功能介绍如下：

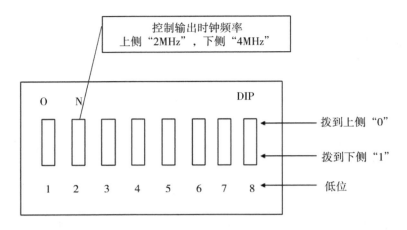

图 4.2.2　S301 拨盘开关图

我们主要用到编码模块拨盘开关 S301 的第 1、2、6、7、8 位，其中第 2 位控制时钟信号频率，拨到上侧代表"0"，此时输出 2MHz 的时钟信号；拨到下侧代表"1"，此时输出 4MHz 的时钟信号。

对于编码模块拨盘开关 S301：

第 1 位为使能开关，为 1 时，拨盘开关正常工作。

第 2 位为时钟选择开关：

置"0"，SMA302 输出 2.048MHz 时钟信号，用于配合 SMA301 读 PN 码数据，上升沿触发（低电平读数）。

置"1"，SMA302 输出 4.096MHz 时钟信号，用于配合 SMA301 读 CMI 码数据，上升沿触发（低电平读数）。

第 6、7、8 位依次为：

000　方波输出挡 SMA301 输出 1MHz，$V_{p-p}=5V$ 的方波（2MHz 二元码数据）。

001　PN 码输出挡 SMA301 输出 16 位的 PN 码（伪随机码）。

010　CMI 译码输出挡 SMA301 输出由 001 状态下的 PN 码变换成的 CMI 码。

011　16 位手动 CMI 码输出挡 SMA301 输出由拨盘开关（S303 和 S302）编制的 16 位 CMI 码。

100　8 位手动码输出挡 SMA301 输出拨盘开关 S302 编制的 8 位手动码。

101　8 位手动码转化成 CMI 码输出挡将 100 模式下的 8 位码转化为 CMI 码通过 SMA301 输出。

110　高电平挡 SMA301 输出高电平。

111　低电平挡 SMA301 输出低电平。

4.2.5　实验步骤

（1）将信号源模块固定在主机箱上，将黑色塑封螺钉拧紧，确保电源接触良好，接通电源。

（2）用双踪示波器观察各种信号的输出波形。

①信号源输出两组时钟信号，对应输出点为"CLK1"和"CLK2"，拨码开关 S2 的作用是改变第一组时钟"CLK1"和"CLK2"的输出频率，拨码开关 S2 拨上为 0，拨下为 1。

②根据码型与频率对照表改变 S2，用双踪示波器观察第一组时钟信号"CLK1"和"CLK2"的输出波形。

③用双踪示波器观察帧同步信号输出波形。信号源提供脉冲编码调制的帧同步信号，在"SMA301"输出点输出，一般时钟设置为 2.048MHz，在后面实验中有用到。将拨码开关 S6、S7、S8 分别设置为"000""100""110""111"，用双踪示波器观测"SMA301"的输出波形。

④伪随机信号码型为 111100010011010，码速率和第一组时钟速率相同，由 S6、S7、S8 控制。根据码型与频率对照表改变 S6、S7、S8，用双踪示波器观测"PN"的输出波形。

（3）实验结束关闭电源，整理数据，完成实验报告。

4.2.6 思考题

（1）使用数字示波器观察 T201、T303、T304、T305、T306 测试点的波形，并拍照记录下来粘贴在实验报告上。

（2）保持码型不变，改变码速率（改变 S2 设置值），用数字示波器观测"PN"输出波形。

（3）保持码速率不变，改变码型（改变 S6、S7、S8 设置值），用数字示波器观测"NRZ"输出波形。

（4）分析电路的工作原理，简述其工作过程。

（5）写出本次实验的心得体会以及对本次实验的改进意见。

4.3 单模光纤传输弯曲损耗测试实验

4.3.1 实验目的

（1）理解单模光纤损耗的定义。

（2）掌握单模光纤弯曲损耗的测试方法。

（3）了解单模光纤的特点。

4.3.2 实验仪器

（1）ZY12OFCom13BG3 型光纤通信系统实验箱（1 台）。

（2）FC 型接口光功率计（1 台）。

（3）数字万用表（1 台）。

（4）FC/PC – FC/PC 单模光纤跳线（1 根）。

（5）扰模器（可选）（1 台）。

（6）连接导线（20 根）。

4.3.3 实验预备知识

熟悉单模光纤的特点。

4.3.4 实验原理

在单模光纤中只传输 LP01 模，没有多模光纤中各种模变换、模耦合及模衰减等问题，因此其测量方法也与多模光纤有些不同。但是由于损耗的存在，在光纤中传输的光信号，不管是模拟信号还是数字脉冲信号，其幅度都要减小。光纤的损耗在很大程度上决定了光纤通信系统的传输距离。目前光纤损耗已经低于 0.2dB/km（在 1 550 nm 处），低损耗光纤的问世引发了光纤通信技术领域的革命，开创了光纤通信的时代。

CCITT 对 G652 光纤和 G653 光纤在 1 550nm 波长的弯曲损耗做了明确的规定：对 G652 光纤，用半径为 37.5mm 松绕 100 圈，在 1 550nm 波长处测得的损耗增加应小于 1dB；对 G653 而言，要求增加的损耗小于 0.5dB。

扰模器

| 光源 | | 光功率计 |

图 4.3.1 测试单模光纤弯曲损耗的实验图

测试单模光纤弯曲损耗时可以不用扰模器，而用其他的器件来替代，只要能让光纤弯曲就可以。

弯曲损耗的测量，要求在具有较为稳定的光源条件下，将几十米被测光纤耦合到测试系统中，在保持注入状态和接收端耦合状态不变的情况下，分别测出松绕 100 圈前后的输出光功率 P_1 和 P_2，弯曲损耗 A 可由下式计算得出。

$$A = 10 \lg \frac{P_1}{P_2} \qquad (4-3-1)$$

相同光纤，传输相同波长光波信号，弯曲半径不同时其损耗也必定不同。同样，对于相同光纤，弯曲半径相同时，传输不同光波信号，其损耗也不同。按照 CCITT 标准，光纤的弯曲损耗比较小，因此在实验中采用减小弯曲半径的办法能够显著提高实验效果。实验测试原理如图 4.3.1 所示。先测量 1 310nm 光纤通信系统光纤跳线未进行缠绕时的输出光功率 P_0，再测量单模光纤跳线按照图 4.3.2 中两种方法进行缠绕时的光功率 P_1 和 P_2，即可得到单模光纤传输 1 310nm 光波时的相对损耗值。同样，对于 1 550nm 光纤通信系统，重复上述操作即可得到单模光纤传输 1 550nm 光波时的相对损耗值。

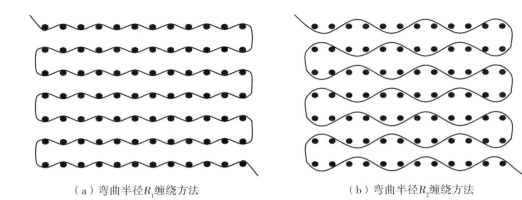

（a）弯曲半径R_1缠绕方法　　　　　　（b）弯曲半径R_2缠绕方法

图 4.3.2　扰模器的缠绕方法

4.3.5　实验步骤

（1）用电缆线连接编码模块 SMA301 与光发送模块 SMA101。

（2）从光发送模块的 LD 尾纤的连接器中取出保护塑料套，插入光功率计，拧紧光纤外围的 FC–FC 型接口的螺丝环，打开光功率计，设置光功率计测量波长为 1 310 nm，组成简单的光功率测试系统。

（3）接上交流电源线，先打开交流开关，再打开直流开关 S304、S101，此时，发光二极管全亮。

（4）将编码模块拨盘开关 S301 第 1 位拨到 1，第 6、7、8 位拨到 010——CMI 码输出挡，此时，CPLD 将 PN 码变换为 CMI 码。

（5）用光功率计测量此时的光功率 P_1，填入表 4.3.1 中。

（6）将光纤按照图 4.3.2 所示方法缠绕，测得此时的光功率 P_2，填入表 4.3.1 中。

表 4.3.1　不同波长的光功率大小

缠绕方法		波长（nm）	
		1 310	1 550
不绕（光功率 μW）			
图 4.3.2（a）（光功率 μW）			
图 4.3.2（b）（光功率 μW）			
损耗	图 4.3.2（a）（dB）		
	图 4.3.2（b）（dB）		

（7）依次关闭各直流电源、交流电源。拆除导线、光纤等光纤器件，将实验箱还原。

（8）将测得的数据依次代入式（4–3–1）中，计算各弯曲损耗。

（9）根据上述实验步骤，设计并完成 1 550nm 单模光纤损耗测试实验。

4.3.6　思考题

（1）传输相同波长信号时，为什么不同弯曲半径下光纤的损耗不同？

（2）弯曲半径相同时，为什么传输不同波长信号的光纤的损耗不同？

（3）查阅相关文献资料，简述光纤损耗的种类及其产生机理。

4.4　光纤通信系统的眼图测试实验

4.4.1　实验目的

（1）掌握光纤通信系统中眼图的测试方法。

（2）学会利用眼图来分析系统的性能。

4.4.2　实验仪器

（1）光纤通信系统实验箱（1台）。

（2）20MHz双踪示波器（1台）。

（3）数字万用表（1台）。

（4）FC/PC – FC/PC单模光纤跳线（1根）。

（5）1 310nm光发送机和光接收机（1套）。

（6）ST/PC – ST/PC多模光纤跳线（1根）。

4.4.3　实验预备知识

（1）了解眼图的形成过程。

（2）掌握从示波器显示的图形上，观察码间干扰和信道噪声。

4.4.4　实验原理

评价基带传输系统性能的一种定性而方便的方法是观察接收端的基带信号波形，如果将接收波形输入示波器的垂直放大器，把产生水平扫描的锯齿波周期与码元定时同步，则在示波器屏幕上可以观察到类似人眼的图案，这些图案称为"眼图"。此时，从示波器显示的图形上可以观察到码间干扰和信道噪声等因素的影响情况，从而估计系统性能的优劣程度。示波器一般测量的信号是某一位或者某一段时间内的波形。示波器更多的是反映细节信息，而眼图则是反映链路上所传输的所有数字信号的整体特征。在二元码时，一个码元周期内只能观察到一只"眼睛"；在三元码时可以看到两只"眼睛"；对于 M 元码则可看到（$M-1$）只"眼睛"。

现在，我们可以借助图4.4.1来了解眼图的形成原理。为了便于理解，暂时不考虑噪声的影响。

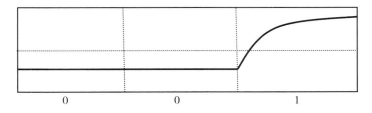

（a）　序列 001 的眼图波形

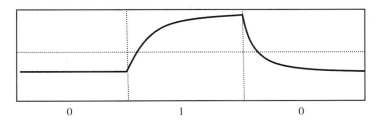

（b）　序列 010 的眼图波形

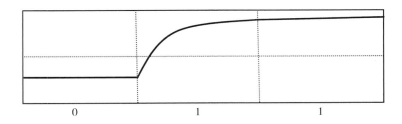

（c）　序列 011 的眼图波形

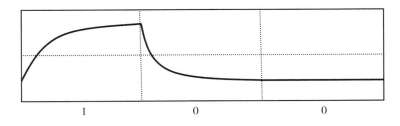

（d）　序列 100 的眼图波形

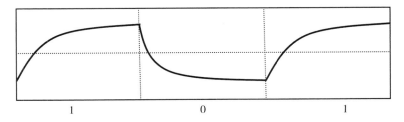

（e）　序列 101 的眼图波形

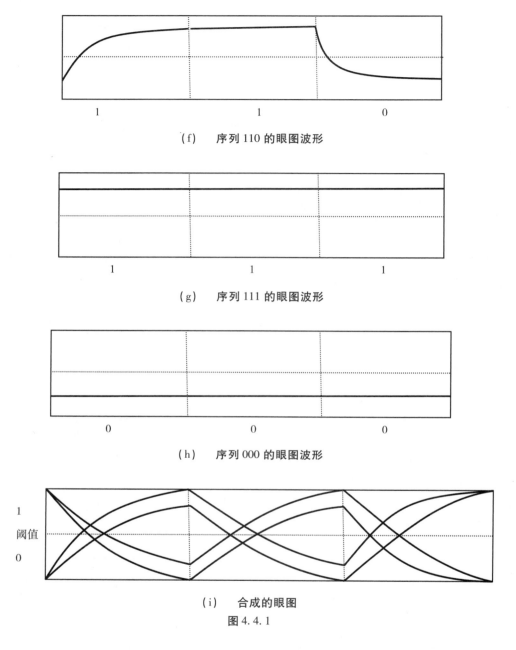

（f）　序列 110 的眼图波形

（g）　序列 111 的眼图波形

（h）　序列 000 的眼图波形

（i）　合成的眼图

图 4.4.1

如果这 8 种状态组中缺失某种状态，得到的眼图将会不完整，如图 4.4.2 所示。

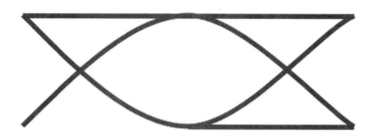

图 4.4.2　示波器观测到的不完整的眼图

眼图的"眼睛"张开的大小反映着码间串扰的强弱。"眼睛"张得越大，且眼图越端正，表示码间串扰越小，反之表示码间串扰越大。当存在噪声时，噪声将叠加在信号上，观察到的眼图的线迹会变得模糊不清。若同时存在码间串扰，"眼睛"将张开得更小。与无码间串扰时的眼图相比，原来清晰端正的细线，变成了比较模糊的带状线，而且不是很端正。噪声越大，线迹越宽越模糊；码间串扰越大，眼图越不端正。

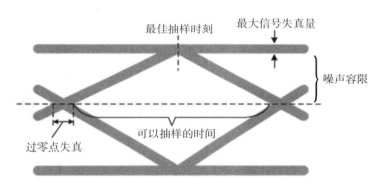

图 4.4.3　眼图的重要参数

由图 4.4.3 可以看出：

（1）最佳抽样时刻应选择在眼睛张开最大的时刻。

（2）眼睛闭合的速率，即眼图斜边的斜率，表示系统对定时抖动的灵敏度；斜边愈陡，表示系统对定时抖动愈敏感。

（3）在抽样时刻上，阴影区的垂直宽度表示最大信号失真量。

（4）在抽样时刻上，上下两阴影区的间隔垂直距离的一半是最小噪声容限，噪声瞬时值超过它就有可能发生错误判决。

（5）阴影区与横轴相交的区间表示零点位置的变动范围，它对于从信号平均零点位置提取定时信息的解调器有重要影响。

（6）横轴对应判决门限电平。

本实验系统主要由编码模块、光发送模块、光接收模块、20MHz 双踪示波器四个部分组成，图 4.4.4 为系统的眼图测量系统示意图。测量时，将"伪随机码发生器"

输出的伪随机码加在被测数字光纤通信系统的输入端，利用 CPLD 转换芯片将伪随机码转换为 CMI 码，然后将该被测系统的输出端接至示波器的垂直输入，用位定时信号（由伪随机码发生器提供）作外同步，在示波器水平输入用数据频率进行触发扫描。这样，在示波器的屏幕上就可以显示出被测系统的眼图。

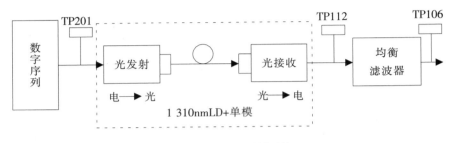

图 4.4.4　眼图测量系统

4.4.5　实验步骤

（1）关闭系统电源，按照图 4.4.4 连接编码模块接口 SMA301 与光发送模块接口 SMA101，将波长为 1 310nm 的光发送模块 LD 的尾纤与光接收模块 PD 的尾纤通过法兰盘连接起来。

（2）连接完毕，给三个模块通电，将编码模块拨盘开关 S301 第 1 位置 1，第 6、7、8 位拨到 010——CMI 码输出挡，此时 CPLD 将 PN 码变换为 CMI 码。

（3）用信号连接线连接编码模块测试点 T306 与示波器 CH1 通道，用于显示读取 CMI 码用到的 4MHz 时钟，探头地线与三个模块的地线保持接触良好。

（4）将光接收模块的输出端 SMA201 连接示波器 CH2 通道。

（5）选择示波器为外触发方式即把示波器置于外同步位置，将 CH1 的输出时钟作为示波器的外同步信号。调整示波器的触发电平，使屏幕上呈现波形同步状态，即可形成 CMI 码的眼图。

（6）调整示波器的扫描周期（nT），使输出端 SMA201 的升余弦波波形的余晖反复重叠（即与码元的周期同步），则可观察到 n 个并排的眼图波形。眼图上面的一根水平线由连 1 码引起的持续正电平产生，下面的一根水平线由连 0 码引起的持续负电平产生，中间部分过零点波形由 1、0 交替码产生。

（7）继续调节示波器的 W901，直到输出端 SMA201 的波形出现过零点波形重合、线条细且清晰的眼图波形（即无码间串扰、无噪声时的眼图）。在调整示波器的 W901 的过程中可发现，眼图过零点波形重合时 W901 的位置不是唯一的，其正好验证了无码间串扰的传输特性不唯一。

（8）关闭系统电源，拆除各光器件并套好防尘帽。

4.4.6　思考题

（1）实际测量的眼图与课本上的眼图有什么不同？试分析原因。

（2）若光接收模块收到标准的方波信号，则此时眼图的眼开度、眼皮厚度、正负极性不对称度以及系统定时抖动分别为多少？

（3）记录并画出不同频率下的光接收模块的眼图。

（4）通过系统的眼图，评估该传输系统的性能。

（5）简述该系统眼图的形成过程。

第5章 光纤通信技术进阶实验

5.1 半导体激光器的 $P-I-V$ 特性曲线测试

5.1.1 实验目的

通过测试半导体激光二极管的 P（平均发送光功率）$-I$（注入电流）特性曲线和 V（偏置电压）$-I$ 特性曲线，计算阈值电流（I_{th}）和斜率效率，掌握半导体激光器的工作特性。

5.1.2 实验仪器

（1）光发送模块（1只）。

（2）编码模块（1块）。

（3）光功率计（1台）。

（4）数字万用表（1台）。

（5）20MHz双踪示波器（1台）。

（6）光纤跳线（若干）。

5.1.3 实验预备知识

（1）熟悉半导体发光二极管（LED）以及半导体激光二极管（LD）的发光原理。

（2）了解 LD 的热平衡特性。

5.1.4 实验原理

LED 是用半导体材料制作的正向偏置的 PN 结二极管。其发光机理是当在 PN 结两端注入正向电流时，注入的非平衡载流子（电子—空穴对）在扩散过程中复合发光，这种发光过程主要对应光的自发发射过程。LED 具有可靠性较高、室温下连续工作时间长、光功率—电流线性度好等显著优点，而且 LED 加工技术已经发展得比较成熟，其价格也非常便宜。然而，LED 的发光机理决定了它存在很多不足，如输出功率小、发射角大、谱线宽、响应速度低等。

LD 是通过受激辐射发光，是一种阈值器件。处于高能级 E_2 的电子在光场的感应下发射一个和感应光子一模一样的光子，而跃迁到低能级 E_1，这个过程称为光的受激辐射。所谓一模一样，是指发射光子和感应光子不仅频率相同，而且相位、偏振方向和传播方向都相同，它和感应光子是相干的。LD 作为激光器的一种，同样必须满足粒子数反转和光反馈两个要求。其使用的方法是向 P 型和 N 型限制层重掺杂，使费米能级间隔在 PN 结正向偏置下超过带隙，从而实现粒子数反转。再利用与 PN 结平面相垂直的自然解理面构成 FP 腔，进行光放大，输出激光。

LD 在热平衡情况下，自发发射占绝对优势。当外界给系统提供能量时，如采用电流注入（即电泵），打破热平衡状态。随着注入电流的增加，LD 逐渐增加自发发射，当大量粒子处于高能级时，即粒子数反转后，受激发射开始占主导地位。在光束发射方向上的受激发射比自发发射的强度大几倍。

LD 的主要特性如下：

（1）输出电压特性。

LD 和 LED 都是半导体光电子器件，其核心部分都是 PN 结，因此都具有与普通二极管相类似的 $V-I$ 特性曲线，如图 5.1.1 所示。

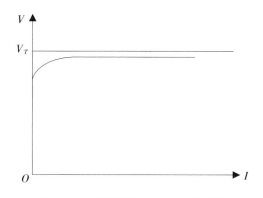

图 5.1.1　激光器输出 $V-I$ 特性曲线

由 $V-I$ 曲线可以计算出 LD/LED 总的串联电阻 R 和开门电压 V_T。

（2）输出光功率特性。

激光器光功率特性通常用输出光功率与激励电流 I 的关系曲线，即 $P-I$ 曲线表示。

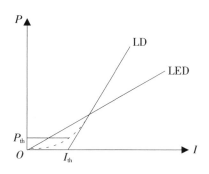

图 5.1.2　LD/LED 的 $P-I$ 特性曲线

在结构上，由于 LED 与 LD 相比没有光学谐振腔，因此，LED 和 LD 的功率—电流

的 $P-I$ 关系特性曲线有很大的区别。LED 的 $P-I$ 曲线基本上是一条近似的直线。从图 5.1.2 可以看出，LD 的 $P-I$ 曲线起始部分增益很小，达到一定条件后增益变大，我们称这个出现净增益的条件为阈值条件，即阈值电流 I_{th}；当输入电流 $I > I_{th}$ 时，$P-I$ 曲线才近似呈线性关系，P 增大的速率即曲线的斜率，称为斜率效率，此时 LD 发光是由受激辐射导致的；当 $I < I_{th}$ 时，LD 输出的光功率较小，此时主要是以自发辐射为主。本实验所采用的实验板中，LD 的激励电流 I 由两部分组成，一部分是由可调电位器 W_{bias} 控制的直流偏置电流 I_{bias}，另一部分是由输入端接入并经过可调电位器 W_{mod} 的调制电流 I_{mod}。两部分电流相加注入激光器。如图 5.1.3 所示，激光器与电阻 RU106 串联，电阻两端分别有 T104 和 T106 两个测试点，用来测量电阻两端电压，进而计算得到注入激光器的电流值。测试点 T105 与 LD 的阴极相连，T104 与 LD 的阳极相连，这两点间电压为激光器的偏置电压。本实验采用的激光管的型号为 FT – F54F3SS4，阈值电流约为 10mA。

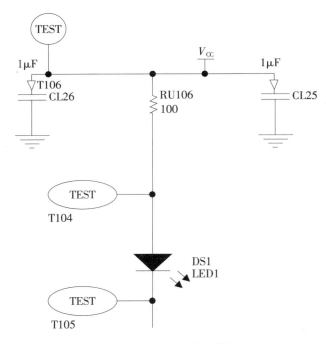

图 5.1.3 LD 部分电路截图

图 5.1.4 表示的是 I_{mod} 和 I_{bias} 对输出光功率的影响，在编码模块提供的 I_{mod} 调制信号相同的前提下，当 $I_{bias} < I_{th}$ 时，激光器增益很小，所以输出的光功率幅值比较小；当 $I_{bias} > I_{th}$ 时，激光器工作在线性状态，输出的光功率幅值较大，此时我们可以把光信号接到光接收模块，将光信号转化为电信号，并通过示波器观察波形变化。

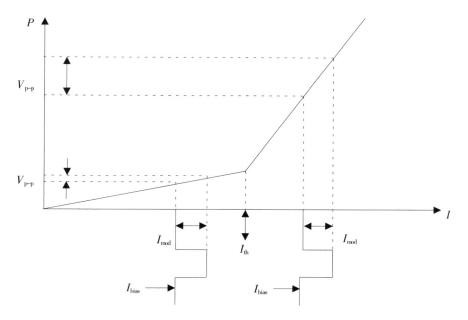

图 5.1.4　I_{bias} **和** I_{mod} **对输出光功率的影响**

$P-I$ 特性是选择半导体激光器的重要依据。应选择阈值电流 I_{th} 尽可能小，I_{th} 对应 P 值小，而且没有扭折点的半导体激光器，这样的激光器工作电流小、工作稳定性高、消光比（测试方法见实验 5.2）大，而且不易产生光信号失真。除此之外，在选择半导体激光器时还要求其 $P-I$ 曲线的斜率适当。斜率太小，导致所需驱动信号太大，给驱动电路带来麻烦；斜率太大，则会出现光反射噪声及使自动光功率控制环路调整困难。

5.1.5　实验步骤

（1）LD 的 $P-I$ 特性曲线和 $V-I$ 特性曲线的测量。

本实验中，LD 的注入电流包括两部分：偏置电流和调制电流。偏置电流的作用是让 LD 工作在合适的直流偏置点；调制电流的作用是让 LD 的输出光信号携带调制信息。当对 $P-I-V$ 特性曲线进行测量时，不需要加载信息，所以我们需要先将调制电流调为 0，然后调节偏置电流，并记录不同偏置电流时，LD 的输出光功率和偏置电压。

①用电缆线连接编码模块 SMA301 与光发送模块 SMA101。

②从光发送模块的 LD 尾纤的连接器中取出保护塑料套，插入光功率计，拧紧光纤外围的螺丝环，打开光功率计，设置光功率计测量波长为 1 310nm，测出的光功率就是光发送端 LD 的输出光功率 P。

③给编码模块、光发送模块通电，将编码模块蓝色拨盘开关 S301 第 1 位置 1，第 6、7、8 位拨到 111——低电平输出挡。此时 SMA301 输出低电平，顺时针旋转光发送模块的电位器 W_{mod} 到底，使调制电流为 0（可以通过测量电阻 RU205 左侧电压是否为 0 来判断调制电流是否已被调为 0）。

④顺时针旋转电位器 W_{bias} 到底，使得通过 LD 的偏置电流为 0。

⑤逆时针缓慢旋转电位器 W_{bias}，使偏置电阻 RU106 两端之间电压（红色表笔接触测试点 T106，黑色表笔接触测试点 T104）为表 5.1.1 中 V_r 的大小，此时 V_r 的电压值除以电阻值 RU106（100 欧姆），即可得到注入激光二极管 LD 的电流 I。

⑥读出此时光功率计上的数值 P（mW）并填入表 5.1.1 中，将光功率计切换到 dBm 挡，读出此时数值 P（dBm）并填入表 5.1.1 中。

⑦用数字万用表测量电压，红色表笔接触测试点 T104，黑色表笔接触测试点 T105，测得的电压即为激光二极管的偏置电压 U，填入表 5.1.1 中。

⑧重复步骤⑤⑥⑦，完成表 5.1.1，并绘制 LD 的 P–I 特性曲线和 V–I 特性曲线。

注：这里测得的是 P–I 特性曲线和 V–I 特性曲线的一段（功率调节范围约 4 个 dBm），为了防止烧坏光发送组件，电流 I 的调节范围有限（电流调节范围为 0～30mA），但不妨碍整条 P–I 曲线的测量，因为测量方法是一样的，只是多测几组数值而已。

表 5.1.1　LD 的 V–I 和 P–I 测量值

I（mA）	1	2	3	4	5	6	7	8
V_r（V）	0.1	0.2	0.3	0.4	0.5	0.6	0.7	0.8
U（V）								
P（mW）								
P（dBm）								
I（mA）	9	10	11	12	13	14	15	16
V_r（V）	0.9	1.0	1.1	1.2	1.3	1.4	1.5	1.6
U（V）								
P（mW）								
P（dBm）								
I（mA）	17	18	19	20				
V_r（V）	1.7	1.8	1.9	2.0				
U（V）								
P（mW）								
P（dBm）								

（2）在偏置电流为 0 的情况下，观察调制电流对输出光信号的影响。

①用电缆线连接编码模块 SMA301 与光发送模块 SMA101，取下法兰盘上的保护套，将光发送模块 LD 尾纤的连接器接入法兰盘的一端，法兰盘另外一端与光接收模块 PD 尾纤连接器相连。将光接收模块测试点 T201 连接到示波器上。

②给编码模块、光发送模块、光接收模块通电。

③将编码模块蓝色拨盘开关 S301 第 1 位拨到 1，第 6、7、8 位拨到 111——低电平

输出挡，此时 SMA301 输出低电平，顺时针旋转电位器 W_{mod} 到底，使调制电流为 0。

④顺时针旋转电位器 W_{bias} 到底，使偏置电流为 0（可通过测量电阻 RU204 电压值判断其是否已被调为 0）。

⑤将编码模块蓝色拨盘开关 S301 第 1 位拨到 1，第 6、7、8 位拨到 110——高电平输出挡，此时从 SMA301 输出约为 5V 的 CMOS 高电平。

⑥调节光发送模块可调电位器 W_{mod}，使 RU106 两端 T106 与 T104 之间电压值 V_r 为表 5.1.2 中所示值，计算可得到此时调制电流值 $I_{mod} = V_r \times 10$。

⑦将编码模块蓝色拨盘开关 S301 第 1 位拨到 1，第 6、7、8 位拨到 000——方波输出挡，此时 SMA301 输出 $V_{p-p} = 5V$ 的方波。调节示波器，观察输出信号波形变化，并记录此 I_{mod} 条件下 V_{p-p} 的大小。

⑧重复步骤⑤⑥⑦，改变 I_{mod} 的大小，测量不同 I_{mod} 情况下，波形 V_{p-p} 的大小，完成表 5.1.2。

表 5.1.2　不同 I_{mod} 情况下，波形 V_{p-p} 的值

V_r（V）	2.000	1.800	1.600	1.400	1.200
I_{mod}（mA）	20	18	16	14	12
V_{p-p}（V）					
V_r（V）	1.000	0.800	0.600	0.400	0.200
I_{mod}（mA）	10	8	6	4	2
V_{p-p}（V）					

注：设置调制电流过程中首先采用 5.0V 的高电平，调节电位器 W_{mod}，使输出 LD 调制电流为 I_{mod}。之后输入 $V_{p-p} = 5.0V$，以占空比为 50% 的方波作为调制电流，此时用电压表测得流入 LD 的调制电流的平均大小应是 $I_{mod}/2$。此实验主要用于观察输出波形变化，为方便起见，表 5.1.2 采用的是 5.0V 高电平时的调制电流 I_{mod}。

（3）在调制电流一定的情况下，观察偏置电流对输出光信号的影响。

①保持上个实验线路的连接。

②将编码模块蓝色拨盘开关 S301 第 1 位拨到 1，第 6、7、8 位拨到 111——低电平输出挡。此时 SMA301 输出调制电流为低电平，调节 W_{mod}，使调制电流为 0。

③顺时针旋转 W_{bias} 到底，使偏置电流为 0。

④将编码模块蓝色拨盘开关 S301 第 1 位拨到 1，第 6、7、8 位拨到 110——高电平输出挡。用数字万用表电压挡检测 T106 与 T104 之间电压值，同时逆时针调节 W_{mod}，使万用表读数为 0.500V（此时调制电流为 5mA）。

⑤将编码模块蓝色拨盘开关 S301 第 1 位拨到 1，第 6、7、8 位拨到 111——低电平输出挡，检测 T106 与 T104 之间电压值，同时逆时针调节 W_{bias}，使万用表读数为表 5.1.3 中 V_r 的值，此时相应的 $I_{bias} = V_r \times 10$。

⑥将编码模块蓝色拨盘开关 S301 第 1 位拨到 1，第 6、7、8 位拨到 000——方波输

出挡，调节示波器至显示清晰波形，观察示波器中波形，并记录 V_{p-p} 的大小。

⑦重复步骤⑤⑥，完成表5.1.3。

表5.1.3　第6、7、8位拨到000时 V_{p-p} 的值

V_r （V）	2.000	1.800	1.600	1.400	1.200
I_{bias} （mA）	20	18	16	14	12
V_{p-p} （mV）					
V_r （V）	1.000	0.800	0.600	0.400	0.200
I_{bias} （mA）	10	8	6	4	2
V_{p-p} （mV）					

5.1.6　思考题

（1）画出 LD 的 $P-I$ 特性曲线和 $V-I$ 特性曲线。根据所画的 $P-I$ 特性曲线，参照图5.1.2获得 LD 阈值电流 I_{th} 的大小，并求出 LD 的斜率效率。

（2）当偏置电流为0时，观察调制电流对输出光波形的影响。

（3）当调制电流为0时，观察偏置电流对输出光波形的影响。

（4）为什么 LD 的特性曲线与 LED 的不同？

（5）LD 的偏置电流的作用是什么？

（6）如何确定 LD 的工作点？

5.2　平均发送光功率以及消光比测试

5.2.1　实验目的

（1）掌握平均输出光功率的测试方法以及光功率的表示方法。

（2）理解不同编码方式对平均输出光功率的影响。

（3）掌握 LD 的工作点与消光比、平均输出光功率的关系。

5.2.2　实验仪器

（1）光纤通信系统实验箱（1台）。

（2）20MHz 双踪示波器（1台）。

（3）光功率计（1台）。

（4）数字万用表（1台）。

（5）光纤跳线（若干）。

5.2.3　实验预备知识

（1）了解消光比的定义。

（2）掌握消光比的测试方法。

（3）掌握调整消光比的方法。

5.2.4　实验原理

光发送机的平均输出光功率被定义为当发送机发送伪随机序列（PN 码）时，发送端输出的光功率的值。平均输出光功率指标与实际的光纤线路有关，在长距离光纤通信系统中，要求有较大的平均发送光功率；在短距离的光纤通信系统中，要求有较小的平均发送光功率。设计人员应根据整个光纤通信系统的经济性、稳定性和可维护性全面考虑该指标，提出合适的数值要求，而不是越大越好。

图 5.2.1　平均输出光功率测试图

平均输出光功率测试如图 5.2.1 所示。在实验板编码模块，有两组拨盘开关，蓝色 8 位拨盘开关 S301 可以控制输出不同的编码（实验 5.1 有详细介绍）；红色 16 位拨盘开关（S302 和 S303）提供 16 位可控编码位，可以根据个人需要获得不同的编码。编码后的波形通过光纤传给光发送模块（实验 5.1 用到的模块），将电信号转化为光信号，这样我们就可以通过光功率计读出不同编码，在 I_{bias} 和 I_{mod} 不同的情况下，输出的光功率发生变化，进而计算它们的平均输出光功率和消光比。

消光比的测试如图 5.2.1 所示，首先将光发送机的输入信号断掉（即不给光发送模块送电信号），测出的光功率为 P_{00}，即对应的输入数字信号全为 0 时的光功率。测量 P_{11} 时，编码模块通过控制拨盘开关送入伪随机码。因为伪随机码的 0 码和 1 码等概率，所以全 1 码的光功率应是伪随机码的平均输出光功率 P 的两倍，即 $P_{11} = 2P$，则消光比为：

$$EXT = \frac{P_{00}}{2P} \qquad\qquad (5-2-1)$$

测试结果可按上式计算。在某些资料中，消光比还使用以下的表示公式：

$$EXT = 10 \lg \frac{P_{11}}{P_{00}} \text{（dB）} \qquad\qquad (5-2-2)$$

当 $P_{00} = 0.1P_{11}$ 时，$EXT = 10\text{dB}$。

本实验提供 PN 码和 CMI 码用于测试，在测量平均光功率时需要说明两点：

（1）有些光功率计可直接读 dBm，若只能读 mW（毫瓦）或 μW（微瓦）应换算成 dBm，即

$$P = 10 \lg \frac{毫瓦值}{1\text{mW}} \text{dBm} \qquad (5-2-3)$$

（2）光源的平均输出光功率与注入它的电流大小有关，测试应在正常工作的注入电流条件下进行。

5.2.5 实验步骤

首先我们需要调节调制电流 I_{mod} 和偏置电流 I_{bias}，分别把调制电流和偏置电流调为表 5.2.1 中的数值，然后分别观察在输入 PN 码和 CMI 码的情况下，激光的平均输出功率，最后进行消光比测试，消光比测试结束后再调整调制电流 I_{mod} 和偏置电流 I_{bias}，进行下一组的测量。其具体步骤如下：

（1）调制电流 I_{mod} 与偏置电流 I_{bias} 的设置。

①将编码模块 SMA301 与光发送模块 SMA101 连接，并给两模块通电。

②顺时针旋转光发送模块电位器 WBIAS 到底，此时偏置电流为 0。

③将编码模块拨盘开关 S301 第 1 位拨到 1，第 6、7、8 位拨到 110——高电平输出挡，此时 SMA301 输出一个约为 5.0V 的 CMOS 高电平信号。

④用数字万用表拨到直流电压挡，红表笔接光发送模块测试点 T106，黑表笔接 T104，实时监测电阻 RU106 = 100Ω 两端电压（此电阻与 LD 串联，流过电阻的电流即为注入激光器的电流）。

⑤调节电位器 W_{mod}，使数字万用表读数为表 5.2.1 中 $I_{\text{mod}} \times 100\text{mV} = 1\text{V}$。

⑥将编码模块拨盘开关 S301 第 1 位拨到 1，第 6、7、8 位拨到 111——低电平输出挡，此时 SMA301 输出低电平信号，调制电流置 0，接下来调节偏置电流。

⑦调节电位器 W_{bias}，使数字万用表电压读数为表 5.2.1 中 $I_{\text{bias}} \times 100\text{mV} = 0.1\text{V}$。

此时偏置电流也调节完毕，接下来分别测试 PN 码与 CMI 码在此调制电流和偏置电流状态下的平均输出光功率。

（2）平均输出光功率测试。

①从光发送模块的 LD 尾纤的连接器中取出塑料保护套，接入光功率计，此时从光功率计上读出的功率就是光端机 LD 的输出光功率 P。

②将编码模块拨盘开关 S301 第 1 位拨到 1，第 6、7、8 位拨到 001——PN 码输出挡，读出此时的平均输出光功率 P_{PN}，填入表 5.2.1 中。

③将编码模块拨盘开关 S301 第 1 位拨到 1，第 6、7、8 位拨到 010——CMI 码输出挡，用 4.096MHz 的 CMI 码驱动 LD 驱动器，读出此时的平均输出光功率 P_{CMI}，填入表5.2.1 中。

注：测试完一组 I_{bias}、I_{mod} 对应的 P_{PN} 和 P_{CMI} 后，不改变电流，继续进行消光比

测试。

表 5.2.1 第 6、7、8 位拨到 001 和 010 时对应的平均输出光功率 P_{PN} 以及 P_{CMI} 的值

I_{mod}（mA）	10	10	10	10	10	10	10	10
I_{bias}（mA）	1	2	3	4	5	6	7	8
P_{PN}（dBm）								
P_{CMI}（dBm）								
I_{mod}（mA）	10	10	10	10	10	10	10	10
I_{bias}（mA）	9	10	11	12	13	14	15	16
P_{PN}（dBm）								
P_{CMI}（dBm）								

（3）消光比测试。

①将编码模块拨盘开关 S301 第 1 位拨到 1，第 6、7、8 位拨到 111——低电平输出挡，此时 SMA301 输出低电平（此时驱动电路输出 "0" 码），记录光功率计读数 P_{00}，填入表 5.2.2 中。

②将编码模块拨盘开关 S301 第 1 位拨到 1，第 6、7、8 位拨到 001——PN 码输出挡，此时光功率计读数为 P_{PN}，将 $P_{PN} \times 2$ 就得到 P_{11}，填入表 5.2.2 中。

③按照式（5-2-1）计算消光比 EXT。

④回到步骤（1）的⑥，重新设置偏置电流，具体如表 5.2.2 所示，按步骤进行测试。

表 5.2.2 P_{00}、P_{11} 以及 EXT 的值

I_{mod}（mA）	10	10	10	10	10	10	10	10
I_{bias}（mA）	1	2	3	4	5	6	7	8
P_{00}（dBm）								
P_{11}（dBm）								
EXT								
I_{mod}（mA）	10	10	10	10	10	10	10	10
I_{bias}（mA）	9	10	11	12	13	14	15	16
P_{00}（dBm）								
P_{11}（dBm）								
EXT								

5.2.6　思考题

（1）为什么不同的线路码型具有不同的平均输出光功率？

（2）为什么全0码时，光发送机的平均输出光功率不等于0？这对系统性能有什么影响？

（3）分别用 dBm 和 mW 表示所测得的 2MHz PN 码的平均输出光功率。

（4）分别用 dBm 和 mW 表示所测得的 4MHz CMI 码的平均输出光功率。

（5）对比 PN 码和 CMI 码的平均输出光功率，分析其与理论值不同的原因，讨论 LD 的偏置电流对平均输出光功率的影响。

（6）记录实验过程，计算 PN 码通过光发送机产生的消光比，绘制在不同偏置电流条件下，调制电流与消光比的关系曲线，分析调制电流和偏置电流对消光比的影响。

5.3　光线路码测试

5.3.1　实验目的

（1）熟悉线路码型在光通信中的作用。

（2）掌握 CMI 码的编码和译码电路原理。

5.3.2　实验仪器

（1）光纤通信系统实验箱（1台）。

（2）20MHz 双踪示波器（1台）。

（3）光功率计（1台）。

（4）数字万用表（1台）。

（5）光纤跳线（若干）。

5.3.3　实验预备知识

（1）掌握伪随机码以及 CMI 码的概念。

（2）了解二元码和 CMI 码之间的码型变换。

5.3.4　实验原理

码型变换含义广泛，本实验中我们将要介绍的码型变换指的是线路码型的编码和译码。我国邮电部从管理的角度出发，规定了几种在公用网上使用的码型（专用网也可以参照使用）：5B6B、CMI、扰码二进制、1B1H 以及 565Mbit/s 光纤传输系统用的 8B1H。本实验中将以 CMI 的编解码为例介绍码型变换实验。CMI 码即 Coded Mark Inversion（编码传号反转）码的缩写，表5.3.1给出了其变换规则，传号1用00和11交替表示（若一个传号编为00，则下一个传号必须编为11），具有一定的纠错能力，易于实现,易于定时提取。因此,在低速系统中它被选为传输码型。在 ITU – T 的 G703 建议中,规定 CMI 码为四次群(139.264Mbit/s)的接口码型。日本电报电话公司在 32Mbit/s 及更低速率的光纤通信系统中也采用了 CMI 码。

表 5.3.1　CMI 码变换规则

输入二元码	CMI 码
0	01
1	00 或 11 交替出现

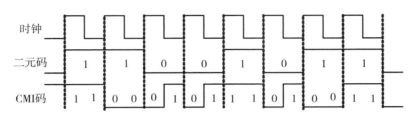

图 5.3.1　CMI 码与二元码的转换关系

　　图 5.3.2 是 CMI 编码原理图。编码电路接收来自信号源的单极性非归零码(NRZ 码),并把这种码型变换为 CMI 码送至光发送机。若输入传号,则翻转输出;若输入空号,则打开门开关,使时钟反向输出。其电路原理如图 5.3.3 所示。需要注意的是,输入的单极性码已经与时钟同步。

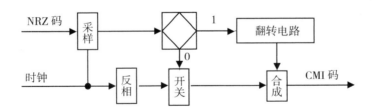

图 5.3.2　CMI 编码原理图

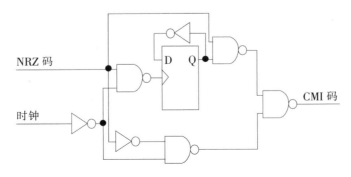

图 5.3.3　CMI 编码电路原理图

87

本实验系统中采用可编程逻辑器件（PLD）来实现 CMI 的编译码。CMI 编码的 VHDL 源程序如下：

```
library ieee;
use ieee. std_logic_1164. all;
entity df is
   port (invert, clk: in std_logic;
            q: buffer std_logic);
end df;
architecture df of df is
   signal d: std_logic;
   begin
    d < = q xor invert;
    process
      begin
         wait until clk = ´1´;
            q < = d;
      end process;
   end df;


library ieee;
use ieee. std_logic_1164. all;
entity cmi_code is
    port (nrz, clk: in std_logic;
                     cmi: out std_logic);
end cmi_code;
architecture cmi_code of cmi_code is
   component df
      port (invert, clk: in std_logic;
               q: buffer std_logic);
   end component;
   signal a, b: std_logic;
   begin
      cmi < = a when nrz = ´1´else b;
      b < = not clk;
      u: df port map (nrz, clk, a);
   end cmi_code;
```

　　解码采用的思路很简单：当时钟和信码对齐时，如果输入 11 或 00，则输出 1；如果输入 01，则输出 0。但是问题的关键在于怎样才可将一系列的码元正确地进行两两分组。经过传输处理后的 CMI 码首先要提取位同步时钟，接着抽样判决。此时，CMI 码流和发送的码流在波形上没有区别（暂时忽略误码的情况），但将其两两分组，却有两种不同的情况。当然，其中一种是正确的，如果接下来的工作亦是正确的话，便可以得到正确的译码结果；而另一种在绝大多数的情况下将导致译码工作失败。

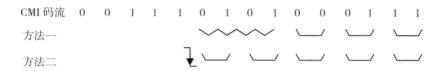

图 5.3.4　CMI 码流的正确分组

　　结合 CMI 码流的特点，这里提供了两种可以正确分组的方法：第一种方法是，如果在码流中检测到 0101 的话，就可以将紧接着它们的两个码元归为一组，以此类推；第二种方法则是在码流中检测 1 到 0 的跳变后，就可以将下降沿后的两个码元归为一组。一般情况下，第二种方法可以尽快地实现正确分组。上面的例子具体说明了这两种方法的使用情况，如图 5.3.4 所示。

　　接下来就是依据编码规则进行译码了。这里列举了三种具体的解决方案。

　　第一种方案：其原理如图 5.3.5 所示，电路原理如图 5.3.6 所示。从位同步时钟中分离出两路时钟，它们和位同步时钟同频，但是占空比不一样，两路时钟信号的占空比都是 25%，其区别在于它们的相位相差半个周期。将每组中的两个码元分开，形成第一路信号和第二路信号，在两路时钟的正确作用下比较这两路信号，便可以将 CMI 码解译出来。这种方案的电路结构简单，各部分功能清晰，易于理解和操作。

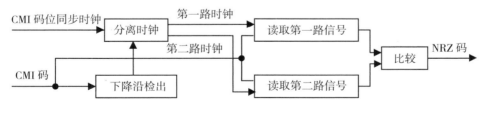

图 5.3.5　方案一的原理图

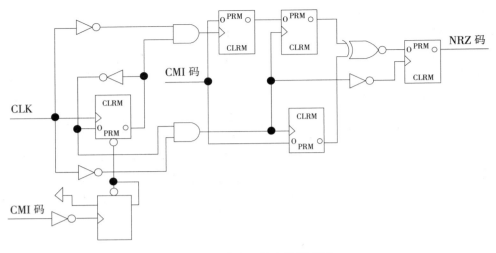

图 5.3.6　方案一的电路原理图

第二种方案：解码方法的本质和第一种相似，差别主要在于正确分组的方法，第二种方案用二分频后的时钟的上升沿和下降沿分别读取两路信号，其原理如图 5.3.7 所示。

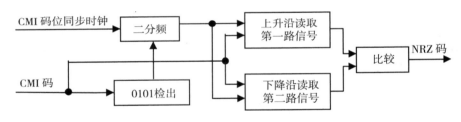

图 5.3.7　方案二的原理图

第三种方案：这里的译码思路稍有变化。CMI 码流经过串并转换后，在二分频后的位同步时钟作用下读出，进行比较译码，其原理如图 5.3.8 所示。

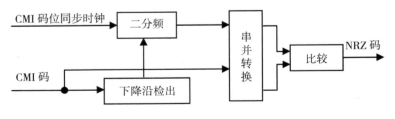

图 5.3.8　方案三的原理图

本实验板的实验过程如图 5.3.9 所示，在编码模块通过拨盘开关 S301 控制 CPLD

芯片产生 PN/CMI 码，T301 可以检测输出码的波形。除此之外，实验板也可以进行手动编码，红色编码开关 S303 和 S302 可以产生 16 个可编程码。编码模块产生的码型通过 SMA301 输入光发送模块 SMA101，光发送模块的主要作用是将码型转化成光信号，进行光纤传输。我们可以通过控制 W_{bias} 和 W_{mod} 来改变激光器的工作点，使得需要传送的码型尽可能地保持其完整性，避免失真变形。码型经过光纤传输到达光接收模块的 PD 由光信号转化为电信号，之后经过前置放大、AGC 可变增益放大器，进行波形检测调整，还原成比较完整的波形信号，以便进行下一步的码型检测、判别、译码。当译码模块 CPLD 将光纤中传输的 CMI 码变换为 PN 码时，T404 为接收端恢复的 PN 码时钟，T405 为转换得到的 PN 码，T406 为接收端恢复的 CMI 码时钟，T401 可以检测输入的 CMI 码。通过四路示波器可以同时检测这四个测试点的波形，从而掌握 PN 码转换为 CMI 码的规则。

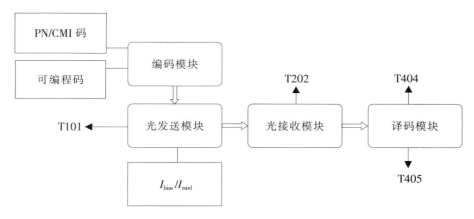

图 5.3.9　线路码实验图

5.3.5　实验步骤

实验如图 5.3.9 所示，具体实验步骤如下：

（1）编码实验。

①给编码模块通电，编码模块测试点 T303 接示波器 CH1，用于观察 PN 码码型；测试点 T305 接示波器 CH2，用于显示 PN 码对应的 2MHz 时钟；测试点 T304 接示波器 CH3，用于观察 CH1 中 PN 码通过表 5.3.1 的码型变换规则变换成的 CMI 码；测试点 T306 接示波器 CH4，用于显示读取 CMI 码用到的 4MHz 时钟。

②将编码模块拨盘开关 S301 第 1 位置 1，第 6、7、8 位拨到 010——CMI 码输出挡，此时 CPLD 将 PN 码变换为 CMI 码，通过示波器四路波形可以观察到变换码型的过程。

③CH1 为 PN 码，对照 CH2 时钟基底，低电平读数，记录 15 位 PN 码，填入表 5.3.2 中。

④CH3 为 CMI 码，对照 CH4 时钟基底，低电平读数，记录 30 位 CMI 码，填入表 5.3.2 中。

⑤认真观察两种码型，掌握 PN 码变换为 CMI 码的规则。

表 5.3.2　低电平读数时 PN 码和 CMI 码的值

PN 码															
CMI 码															
PN 码															
CMI 码															

（2）译码实验。

首先连接线路，建立数字光纤通信系统，然后把表 5.3.3 中需要传输的码元在数学上转换为对应的 CMI 码，然后通过编码开关 S302 把 CMI 码输入 CPLD 中，CPLD 自动将编码开关对应的码元发送出去，经过光发送模块和光接收模块进入译码模块。

①连接编码模块接口 SMA301 与光发送模块接口 SMA101，光发送模块 LD 的尾纤与光接收模块 PD 的尾纤通过法兰盘连接起来，光接收模块输出接口 SMA201 连接到示波器上。连接完成后给三个模块通电。

②将编码模块拨盘开关 S301 第 1 位拨到 1，第 6、7、8 位拨到 000——方波输出挡，此时 SMA301 输出占空比为 50% 的方波。

③观察示波器上的波形，调节电位器 W_{bias} 和 W_{mod}，使输出波形上升沿、下降沿陡峭，尽量少电尖峰，并且输出占空比为 50% 的方波（可以参照实验 5.2 I_{bias} 和 I_{mod} 的调节方法，将两者分别调节为 10mA 和 5mA）。

④将光接收模块的输出接口 SMA201 接到译码模块输入端 SMA401，并给译码模块通电。示波器 CH1 译码模块接测试点 T405，CH2 接译码模块 T404，CH3 接光发送模块 T101，CH4 接编码模块 T306。

⑤将编码模块拨盘开关 S301 第 1 位拨到 1，第 6、7、8 位拨到 101——16 位可编程码输出挡，表 5.3.3 给出 7 组原始码，将原始码转换为 CMI 码，然后将拨盘开关 S303 和 S302 调整为转换成的 16 位 CMI 码。

⑥测试点 T101 可以检测输入的 CMI 码，通过观察 CH3 的波形，与 CH4 一一对应，低电平读数，读出 S303 和 S302 编程的 CMI 码，填入表 5.3.3 中。

⑦测试点 T405 用于检测 CPLD 是否已将 CMI 码转换为 PN 码，通过观察 CH1 的波形，与 CH2 一一对应，低电平读数，读出 CMI 码转换成的 PN 码，填入 T405 译出码，完成表 5.3.3。

⑧对比表 5.3.3 中原始码与 T405 译出码。

表 5.3.3 低电平读数，读出 CMI 码转换成的 PN 码

原始码 1	0	0	0	0	0	0	0	0
CMI 码								
T405 码								
T101 码								
原始码 2	1	1	1	1	1	1	1	1
CMI 码								
T405 码								
T101 码								
原始码 3	1	0	1	0	1	0	1	0
CMI 码								
T405 码								
T101 码								
原始码 4	0	1	0	1	0	1	0	1
CMI 码								
T405 码								
T101 码								
原始码 5	1	1	0	0	1	1	0	0
CMI 码								
T405 码								
T101 码								
原始码 6	1	1	1	0	1	1	1	0
CMI 码								
T405 码								
T101 码								
原始码 7	1	1	1	1	0	0	0	0
CMI 码								
T405 码								
T101 码								

5.3.6 思考题

（1）为什么要对传输的信息进行码型变换？光通信中一般采用哪些码型变换？

（2）记录实验中各测试点的波形。

（3）比较分析观测波形与理论波形是否一致，如果不一致，分析不一致的原因。

5.4 光接收机误码率与灵敏度测试

5.4.1 实验目的
（1）掌握光接收机误码率的测试方法。
（2）掌握光接收机灵敏度的测试方法。

5.4.2 实验仪器
（1）光纤通信系统实验箱（1台）。
（2）20MHz 双踪示波器（1台）。
（3）光功率计（1个）。
（4）数字万用表（1个）。
（5）光纤跳线（若干）。

5.4.3 实验预备知识
（1）理解什么是接收机的灵敏度。
（2）掌握整个光纤通信系统。

5.4.4 实验原理
接收机灵敏度的定义：误码率或误帧率不超过某个指定值时的最小接收功率。这个指标用来表征一台接收机能正确解调接收到的信号时，所需的最小功率，或者换句话来说，无论接收到多么弱的一个信号，此功率下的接收机仍能正常工作。

光接收机灵敏度测试如图 5.4.1 所示。

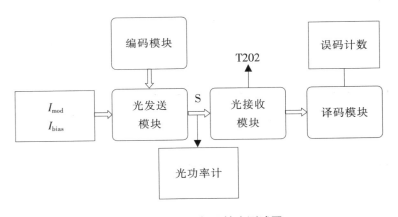

图 5.4.1 误码与灵敏度测试图

按照图 5.4.1 连接电路，光功率计先不用接，调节光发送模块的 I_{mod} 和 I_{bias}，使系统工作正常。调节编码模块的控制开关，工作在误码检测模式，输出一组伪随机码，传送到译码模块进行检测，译码模块有 4 位数码管进行误码计数，当数码管右下方红点点亮时完成一次误码计数。逐步减小偏置电流和调制电流，减小光接收机的输入光功率，使误码率逐渐减小；当在一定观察时间内，误码个数小于某一要求时，即达到系统所需的误码率。

在稳定工作一段时间后，从 S 点法兰盘处断开光接收机的连接器，将 LD 尾纤与光功率计连接，此时测得光功率为 P_{min}，即为光接收机的最小可接收光功率。

用 dBm 表示接收机的灵敏度 P_R。例如，测得 $P_{min} = 9.3nW$，则

$$P_R = 10 \lg \frac{P_{min}}{1mW} = 10 \lg \frac{9.3 \times 10^{-9}}{1 \times 10^{-3}} = -50.3dBm \qquad (5-4-1)$$

在进行灵敏度测试时，一定要注意测试时间的长短。误码率是一个统计平均值，为了确定测试时间，我们将之写成：

$$P_e = \frac{m}{f_b t} \qquad (5-4-2)$$

式中，m 是误码个数，f_b 是系统码速，t 是测试时间。由上式可知，在码速确定的情况下，只要在某测试时间内所记录的误码个数少于某一数值，就可以表示出要求达到的误码率。其最短测试时间应是能检测到误码个数为 1（无误码的情况除外）的时间，即式（5-4-2）中 $m=1$ 时所得到的测试时间可以表示为：

$$t = \frac{1}{f_b P_e} \qquad (5-4-3)$$

由上式可见，最短测试时间与系统码速和误码率有关。各类系统误码率不同时，光接收机灵敏度测试的最短时间 t 如表 5.4.1 所示。

表 5.4.1　灵敏度测试的最短时间

误码率	码速			
	2M	8M	34M	140M
$\leqslant 10^{-9}$	8min	2min	29.1s	
$\leqslant 10^{-10}$			5min	1.2min
$\leqslant 10^{-11}$			50min	12min

应该指出，t 是要求达到某一误码率时，光接收机灵敏度测试的最短时间。但实际上，测试的时间应长于此时间，才能使测试的结果更为准确。

5.4.5　实验步骤

误码检测实验中，编码模块共发送 10^8 个码元，译码模块检测到的误码个数除以 10^8 就是该系统的误码率。灵敏度测试实验测量的是在误码率小于 10^{-8} 时的灵敏度，首先将偏置电流调到 10mA，调制电流调到 15mA，调整好合适工作点之后，逐步减小偏置电流，并实时检测误码率和光功率的变化。如果偏置电流为 0 时，误码率已经小于 10^{-8}，那接下来就要减小调制电流，找到满足误码率条件下最小的光功率，这个最小光功率就是误码率小于 10^{-8} 时的灵敏度。

（1）搭建数字光纤通信系统平台，编码模块 SMA301 接光发送模块输入端 SMA101，光发送模块 LD 尾纤接入法兰盘一端，另一端接光接收模块的 PD 尾纤，光接收模块输出端 SMA201 接入译码模块 SMA401。连接好电源线，并给系统通电。

（2）将编码模块拨盘开关 S301 第 1 位拨到 1，第 6、7、8 位拨到 111——低电平输出挡，调节 W_{mod}，使调制电流为 0，顺时针旋转 W_{bias}，同时用万用表电压挡检测 T106 与 T104 之间电压，使两端电压为 0。

（3）将编码模块拨盘开关 S301 第 1 位拨到 1，第 6、7、8 位拨到 110——高电平输出挡，调节 W_{mod}，使调制电流为 15mA，也就是使 T106 与 T104 之间电压为 1.5V。

（4）将编码模块拨盘开关 S301 第 1 位拨到 1，第 6、7、8 位拨到 111——低电平输出挡，此时调制电流为 0，调节偏置电流，逆时针旋转 W_{bias}，使 T106 与 T104 之间电压为 1.0V。

（5）光接收模块测试点 T202 接入示波器测试 AD603 的输出波形，观察 AD603 的输出信号波形（幅度适中，波形平滑）。

（6）将编码模块拨盘开关 S301 第 1 位拨到 1，第 6、7、8 位拨到 010——CMI 码输出挡，输出 10^8 个随机码码元，由光发送模块输出。将译码模块拨盘开关 S401 第 1 位拨到 1，第 2 位置 1。

（7）由高到低调节偏置电流，测量并记录偏置电流大小，按下复位按键 Scount，观察 4 位数码管上的计数，当小数点位置灯亮说明计数完成，记下此时的误码个数，计算误码率。记下误码个数之后，将光发送模块 LD 尾纤接入光功率计，测量并记录此时的光功率。

（8）测量完光功率，将 LD 尾纤重新接入法兰盘。

（9）继续减小偏置电流，观察误码个数变化，如果偏置电流为 0 时，误码率已经小于 10^{-8}，那接下来就要减小调制电流。

（10）顺时针缓慢旋转 W_{mod}，直到误码率小于 10^{-8}。

（11）当误码率小于 10^{-8} 时，断开法兰盘与光接收模块的连接，将光发送模块光纤接入光功率计，测量此时的光功率，测量值就是此光接收机的灵敏度。

5.4.6　思考题

（1）接收到的光功率增大时，误码率会减小吗？如果接收到的光功率不断增加，会出现什么现象？

（2）根据实验情况，记录实验过程中误码率和光功率变化，绘制误码率曲线，分析系统灵敏度。

第 6 章　光纤通信技术综合设计实验

6.1　WDM 的 OptiSystem 仿真设计

6.1.1　实验目的

（1）了解光源的基本原理和光源的选用。

（2）了解不同类型光纤的区别。

（3）了解复用器以及解复用器的原理器件的选用。

6.1.2　实验仪器

（1）计算机。

（2）OptiSystem 软件。

6.1.3　实验预备知识

（1）熟悉 OptiSystem 实验环境。

（2）练习使用器件库中的常用元件组建光纤通信系统。

6.1.4　实验原理

OptiSystem 是一款创新的光通信系统模拟软件包，它集设计、测试和优化各种类型宽带光网络物理层的虚拟光连接等功能于一体，从远距离通信系统到 LANS 和 MANS 都适用。作为一个基于实际光纤通信系统模型的系统级模拟器，OptiSystem 具有强大的模拟环境、真实的器件和系统的分级定义。它的性能可以通过附加的用户器件库和完整的界面进行扩展，而成为一系列广泛使用的工具。

OptiSystem 允许对物理层任何类型的虚拟光连接和宽带光网络进行分析，从远距离通信系统到 LANS 和 MANS 都适用。它的广泛应用包括物理层的器件级到系统级的光纤通信系统设计，例如，CATV 或 TDM/WDM 网络设计；SONET/SDH 的环形设计；传输器、信道、放大器和接收器的设计；色散图设计；不同接收模式下误码率（BER）和系统代价（penalty）的评估；放大的系统 BER 和连接预算计算。

OptiSystem 环境是一种为利用器件库而组建的光纤通信系统，利用优化功能仿真计算系统的各项性能参数，通过数据分析和图形显示来获得最佳的光纤通信系统。OptiSystem 通过三部分来实现光纤通信系统仿真，即器件库、光学方案图编辑器、图形演示。

（1）器件库。

①发射器。

发射器件库包括所有与光信号产生和编码相关的器件，如半导体激光器、调制器、编码器和比特序列发生器等。半导体激光器因其在发射器中的重要角色而成为最重要的发射器部件。使用 OptiSystem，用户可以输入测量过的数据来评估速率方程所需的那些参数。当使用外调制的 CW 激光器时，对于啁啾和衰减来说，MQW 马赫—曾德调制器和电吸收调制器的模型是基于测量的，并且能使用户优化偏置和调制电压，从而得到接收器灵敏度的最小退化。对于随机数字发生器，编码器和比特序列发生器允许用户在不同的调制模式和算法之间进行选择。

②光纤。

光纤是主要的传输通道。对于任意的 WDM 信号，OptiSystem 采用一种非线性色散传播的单模光纤模型，用以说明信号的振幅和相位受影响的现象与效果。在很大的条件范围内，这个模型都可以真实地预测波形的失真、眼图的退化和信号的其他要素。

③接收器。

用户可以依据光探测器输入端的混合信号来选择不同的模型。如果用概率密度函数（PSD）来描述噪声，PIN 或 APD 将采用基于高斯近似的准分析模型来计算噪声。如果噪声是与信号混合在一起的，那么使用适当的 PFD 来描述光电子统计时，这个模型可以起到增加数字化噪声的作用。电滤波器件的内部库包括实际的、频率相关的参数。在这个库中，用户可以考虑用不同的滤波器形式来设计接收器。

④网络器件。

复用器／解复用器，上路／下路，阵列波导光栅，静态和动态开关，循环／环形元件，交叉连接，波长转换。

⑤无源器件。

滤波器、调制器、耦合器、分波器、合波器、环形器、隔离器、偏振器件、光纤光栅。

⑥光纤放大器。

EDFA 和拉曼放大器已经成为光纤网络所需的器件，从 WDM 网络转发器到 CATV 接线放大器，都有着广泛的应用。OptiSystem 能使用户选择不同的模型，例如，自定义增益和噪声系数的理想放大器，或者是基于测量或速率方程的静态或动态解的黑匣子模型。利用半导体激光器的多功能特性可以完成放大和波长转换。

⑦观察仪。

客户可以在任何器件中使用观察仪来打开端口数据监视器，并且存取结果。数据监视器可以保存处理过的信号信息，而没有必要预先确定观察仪的类型。因此，OSA 或 WDM 分析仪可以加在相同的监视器上，一旦一个计算完成，就不需要再次运算。

库中可以利用的观察仪包括光／射频频谱分析仪，示波器／光时域分析仪，眼图分析仪，误码率分析仪，WDM 分析仪，功率计。

（2）光学方案图编辑器。

这个界面可以让用户快速而有效地创建和修改自己的设计。每个 OptiSystem 方案文件可以包含足够多的设计版本。这些设计版本可以相互独立地被计算和修改，但是来自不同版本的计算结果可以合并起来进行比较。

（3）图形演示。

图形生成工具可以对任何参数扫描的任意结果进行比较，直观的图形管理器使用户可以画出设计中使用到的几乎所有参数的曲线，生成的图形组尺寸可变、视角可变换，并将这些视图转变成可以保存和重新使用的结果方案图，将复合图合并成 3D 图。

本次仿真采用的是阵列波导光栅（Arrayed Waveguide Grating，AWG）波分复用器，它是由输入输出波导、两个 N′N 平面波导星形耦合器及 AWG 构成，集成制造在 Si 或 InP 衬底上。该复用器的核心是 AWG，它是一系列规则排列的波导，相邻波导间有一个恒定的光程差 ΔL，对波长为 λ 的信号，每个波导中产生一个相对相移 $2\pi\Delta L/\lambda$，因此，AWG 相当于一个相位光栅，可以选择波长。

N′N 平面波导星形耦合器将所有输入波导中的光辐射到中间的自由空间区域，然后再将它们耦合到所有的输出波导中。自由空间区域的形状用天线理论和傅立叶光学原理设计。在 AWG 波分复用器中，输入光信号先辐射进第一个平面波导区，然后激励阵列波导，传输通过阵列波导后，光束在第二个平面波导区的焦点上产生相长性干涉，焦点位置决定于信号波长 λ，结果在特定的端口输出。当波长不同时，焦点位置不同，输出的端口也不同。WDM 系统结构如图 6.1.1 所示。

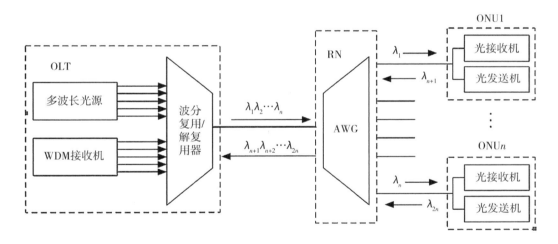

图 6.1.1　WDM 系统结构图

6.1.5　实验步骤

（1）开始→程序→Optiwave Software→OptiSystem7.0→OptiSystem，此时 OptiSystem 软件被加载，用户端操作界面如图 6.1.2 所示。

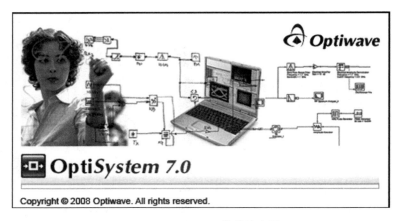

图 6.1.2　OptiSystem **软件仿真界面**

（2）建立一个新工程（File→New）。图 6.1.3 是插入元器件到图层，编辑元器件，建立元器件之间联系的主要操作区；图 6.1.4 是器件库，从中获取建立系统项目所需的元器件。

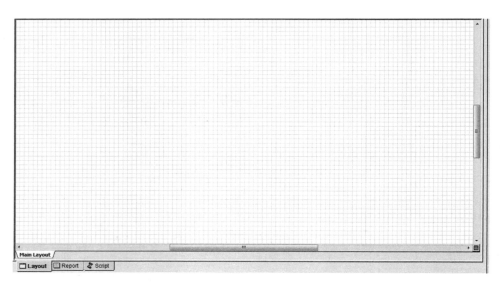

图 6.1.3　**编辑元器件的主要项目窗口**

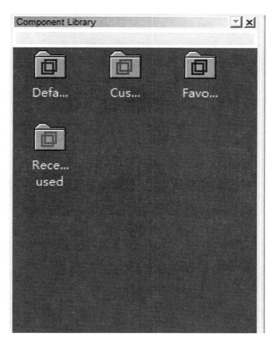

图 6.1.4　OptiSystem **软件器件库**

（3）将光学器件从数据库里拖入主窗口进行布局（从 Component Library 选择 Default→Transmitters Library→Optical Sources，把 CW laser 拖进窗口），如图 6.1.5 所示。

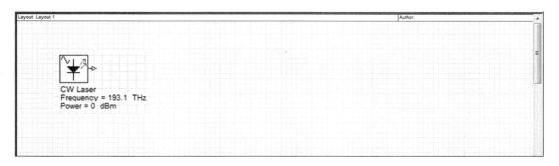

图 6.1.5　OptiSystem **软件画图界面**

（4）从 Component Library 选择 Default→WDM→Multiplexers，把 Ideal Mux Modulator 拖进 Main Layout 1，如图 6.1.6 所示。

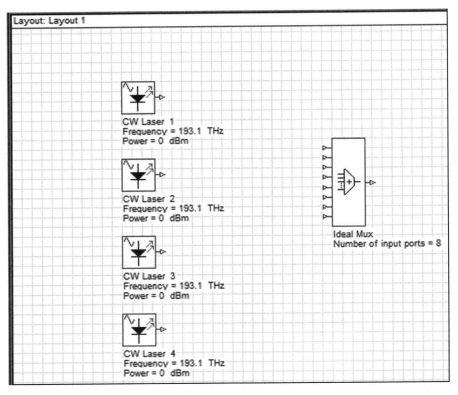

图 6.1.6　OptiSystem **软件画图界面**

（5）移动光标至有锁链图标出现时，进行连线。

（6）设置连续波激光器属性。

①点击 Frequency→Mode，出现下拉菜单，选择"Script"。

②在 Value 中输入数据并作评估。

③点击单位，选择"THz"，点击"OK"返回主窗口，如图 6.1.7 所示。

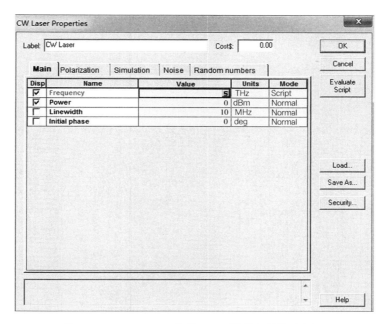

图 6.1.7　OptiSystem 软件 Laser 器件参数修改界面

（7）设置频谱分析仪属性。选择图表中的频谱分析仪，点击右键，选择"compo-nent properties"，出现频谱分析仪的属性框，如图 6.1.8 所示。保存设置，点击"OK"返回主窗口。

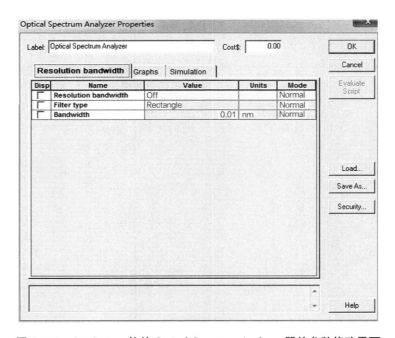

图 6.1.8　OptiSystem 软件 Optical Spectrum Analyzer 器件参数修改界面

（8）在左边的器件库中选择合适的元器件，图 6.1.9 是 AWG WDM 系统设计布局图，连接好所有的光纤链路。

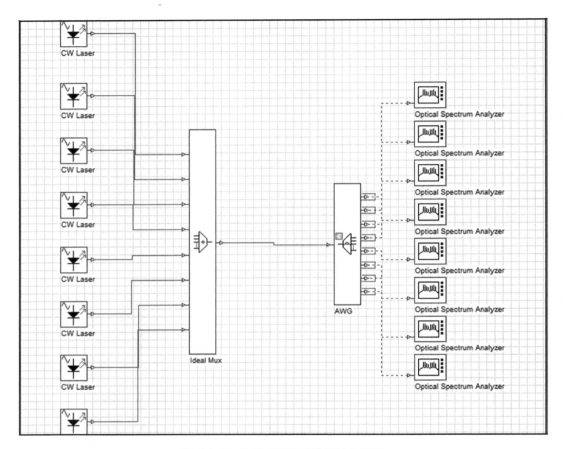

图 6.1.9　AWG WDM 系统设计布局图

（9）运算。在 File 中选择"Calculate"进行运算，运算界面如图 6.1.10 所示。

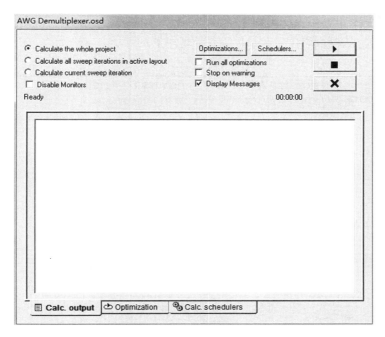

图 6.1.10　运算界面窗口

（10）使用 OSA 直接观察从 AWG 解复用出来的各个信道信号。图 6.1.11 为信道 1 的光谱图。

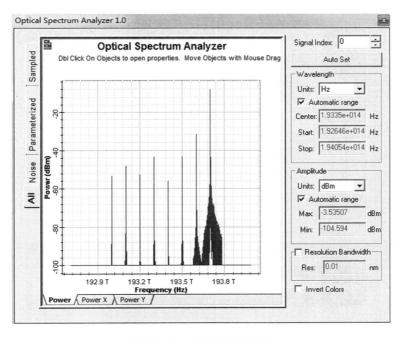

图 6.1.11　信道 1 的光谱图

（11）点击 Main Layout 1 界面下的"Report"按钮，得到 AWG 的各信道透射谱如图 6.1.12 所示，从中可以了解到 AWG 波分复用器的性能。

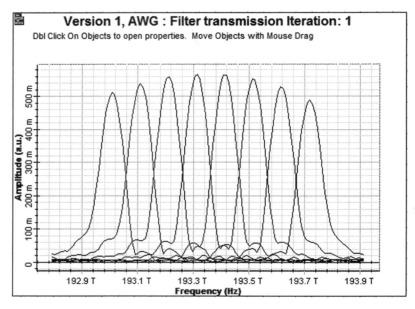

图 6.1.12　AWG 透射谱

在光路链路中加入波分复用分析仪和光功率计后得出的结果如图 6.1.13 所示。

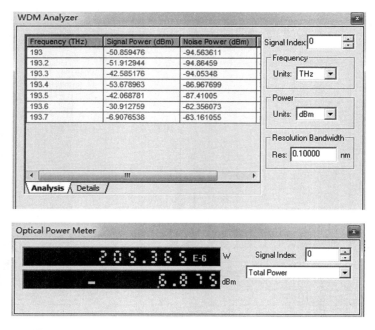

图 6.1.13　WDM Analyzer 和 Optical Power Meter 的测量结果

6.1.6　思考题

（1）为什么 WDM 系统提高了信道的利用率，却极大地影响了整个通信网络的性能？

（2）设计一个新的 WDM 系统，并仿真出眼图和误码率的大小。

（3）通过 OptiSystem 软件对 WDM 系统进行仿真，并写出 WDM 的工作原理。

（4）将仿真的结果以图片的形式打印出来，并粘贴在实验报告上。

6.2　通信系统的综合设计

6.2.1　实验目的

（1）基本掌握运用 OptiSystem 软件进行光纤通信系统的设计和仿真分析的方法。

（2）可以将课程中所学的知识联系起来，初步形成在系统层面上分析问题和解决问题的能力，为毕业设计（论文）打下良好的基础。

6.2.2　实验仪器

（1）计算机。

（2）OptiSystem 软件。

6.2.3　实验预备知识

（1）掌握基本的单模光纤通信系统知识。

（2）利用 OptiSystem 软件的优化功能计算光纤通信系统的各项性能参数，并进行分析。

6.2.4　实验原理

一个基本的光纤通信系统是由发送端、传输介质（光纤）、接收端三部分构成的，在发送端和接收端需要分别加上调制器和解调器，如图 6.2.1 所示。

图 6.2.1　基本的光纤通信系统

发送端包括光源、脉冲发射器、调制器等；传输介质包括传输光纤、光纤放大器、色散补偿光纤等；接收端包括 PIN 管、APD 管、低通滤波器、解调器等。对于一个光纤通信系统，需要对系统的制式、速率、光纤选型加以完善，进行全面的考虑。例如，新建的长途干线和大城市的市话通信一般都应选择 SDH 设备，长途干线已经采用

STM-16 多路波分复用的 2.5Gbit/s 系统，甚至是 10Gbit/s 系统。至于光纤，G652 光纤是目前已经大量铺设，在 1.3μm 波段性能最佳的单模光纤。该光纤设计简单，工艺成熟，成本低廉，是实用性较好的光纤之一。

给出一个仿真系统模型，该模型由以下五部分构成：伪随机比特序列发生器、非归零脉冲发生器、直接调制激光器、光纤信道光检测器 APD、低通滤波器。单模光纤通信系统的仿真模型如图 6.2.2 所示，设定传输距离为 40km，传输速率为 10Gbit/s。调制方案一般选择 NRZ 调制格式，因为经过 NRZ 调制的光信号具有紧凑的频谱特性，而且它调制或解调的结构相对比较简单，在传输速率为 10Gbit/s 和 40Gbit/s 的系统中已被广泛应用。在接收端选择 APD 管是因为光纤信道光检测器 PIN 只适用于低数据速率的光纤通信系统，而当光纤通信数据速率达到 10Gbit/s 时，PIN 的灵敏度就不适用了，此时选择 APD 比较好。在该系统中选择低通高斯响应滤波器（Low Pass Gauss Filter）是因为低通矩形响应滤波器（Low Pass Rectangular Filter）是理想的低通滤波器的模型，在幅频特性曲线上呈现矩形，但是在现实中是无法实现的。低通高斯响应滤波器是利用时域法测量有效带宽，具有直观简便的优点，而且能有效地减少测量有效带宽的时间。

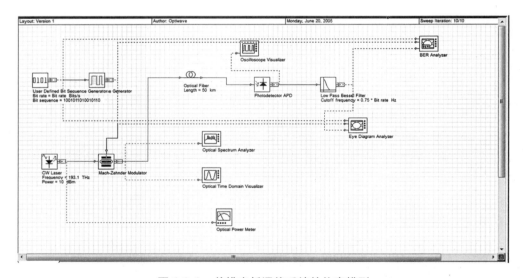

图 6.2.2　单模光纤通信系统的仿真模型

6.2.5　实验步骤

（1）按照图 6.2.2 连接光纤通信系统。

（2）设置相关参数。整体参数设置如下：

①系统传输速率为 10Gbit/s。

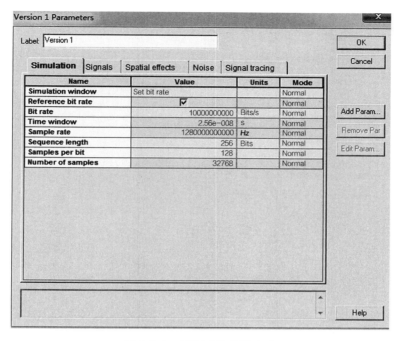

图 6.2.3　设置系统传输速率

②发送序列为 1001011010010110，如图 6.2.4 所示。

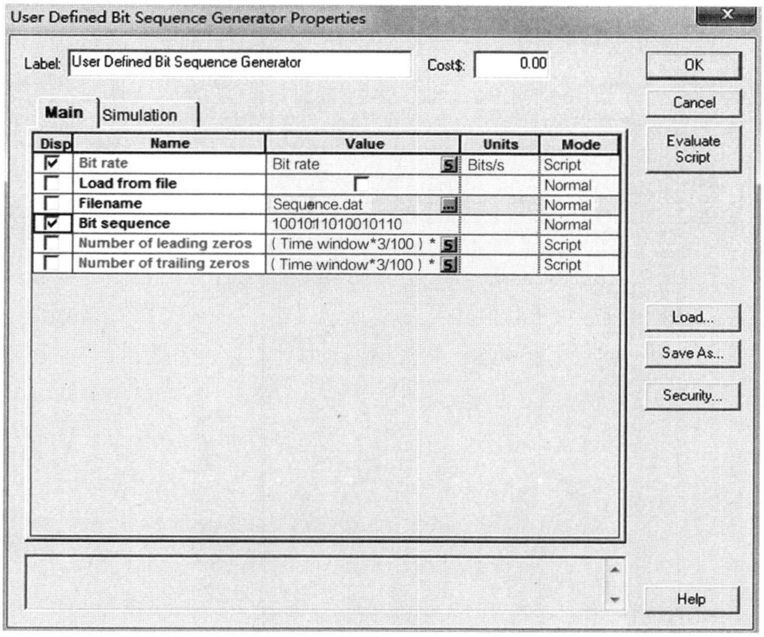

图 6.2.4　设置发送序列

③APD 管的响应度设置为 1A/W，如图 6.2.5 所示。

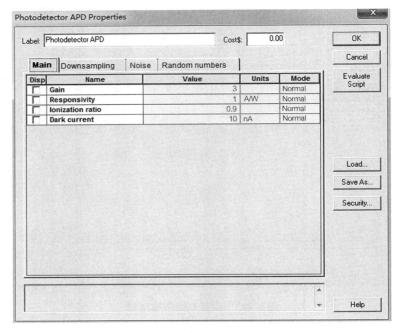

图 6.2.5　设置 APD 管的响应度

④光纤的长度设置为 50km，如图 6.2.6 所示。

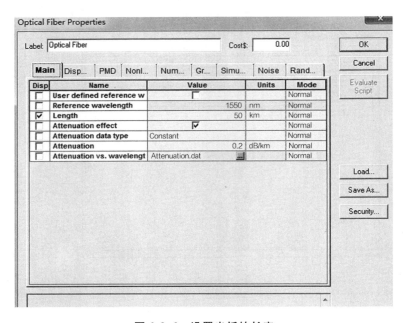

图 6.2.6　设置光纤的长度

（3）在 OptiSystem 软件平台下进行仿真，运行的结果如下：

①实际测得的入纤光功率如图 6.2.7 所示。

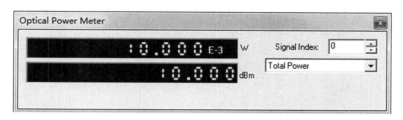

图 6.2.7　实际测得的入纤光功率

②调制后信号的时域波形如图 6.2.8 所示。

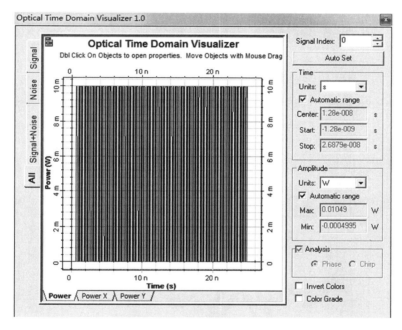

图 6.2.8　信号的时域波形

③调制后的光信号频谱如图 6.2.9 所示。

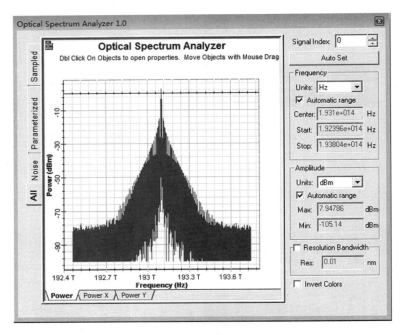

图 6.2.9　调制后的光信号频谱

④信号眼图如图 6.2.10 所示。

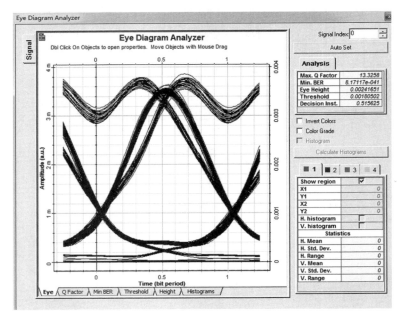

图 6.2.10　信号眼图

⑤光纤传输系统的误码率如图 6.2.11 所示。

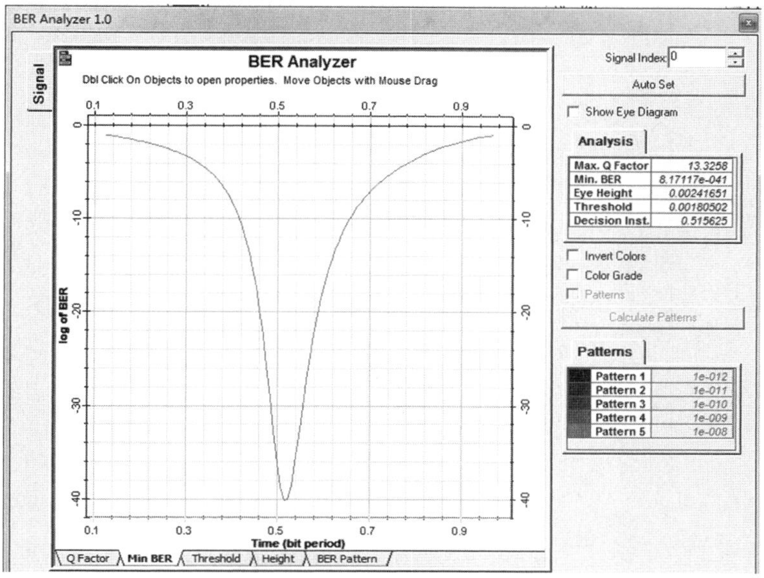

图 6.2.11 光纤传输系统的误码率

（4）仿照给出的光纤通信系统模型，设计一个简单的光纤通信系统，并利用 Opti-System 软件进行仿真测试。

①所设计的光纤通信系统包括光发送端、光纤和光接收端。

②光源工作波长为 193.1THz，传输信号为 1Gbit/s NRZ 码，光发送机输出功率为 −2dBm，光纤长度为 80km，光纤损耗系数为 0.25dB/km，光接收机输入的接收功率不低于 −35dBm。

③给出完整的设计图，并在上述条件下对所设计的系统进行仿真分析，测试各点波形、光功率、接收端眼图和系统误码率。

6.2.6 思考题

（1）如何优化光纤通信系统？主要从哪些方面着手？判断一个光纤通信系统的质量有哪些标准？

（2）观察入纤的光功率，对比调制前后光信号的频谱和时域波形，并做出相应的分析。

（3）测量你所设计的系统的距离带宽积（BL），并说出此系统中滤波器起到的作用。

（4）分析解调后的信号波形、信号眼图和整个传输系统的误码率。

第三编　单片机原理与技术实验

20 世纪 80 年代以来，国际上单片机的发展迅速，新技术层出不穷。单片机的应用技术是一项新型的工程技术，其内涵随着单片机的发展而不断丰富。随着光电技术的发展和应用，单片机与光电器件的结合越来越紧密，"单片机原理与技术"也成为光电信息工程专业的专业课之一。"单片机原理与技术实验"是学习"单片机原理与技术"课程的一个重要环节，对巩固和加深课堂教学内容，提高学生实际工作技能以及培养科学作风等都具有重要的作用和意义。MCS－51 系列单片机由于其模块化结构比较典型、应用灵活，为许多大公司所采用，在国内外单片机的应用中占有重要地位，因此很多教材选用了 MCS－51 系列单片机作为典型机。为匹配教程，本书以 MCS－51 系列单片机为主展开仿真实验，在实践制作环节，考虑到 STC 单片机在国内购买和使用的方便性，选用了 STC89C52 系列单片机进行制作，书中所论述的原理方法，很多都适用于其他系列的单片机。实验内容的安排遵循由浅入深、由易到难的规律。考虑到不同层次的需要，分别有演示、验证和设计的内容，以充分发挥学生的创造性和主动性。

本编包括三个部分，第一部分是基础实验，主要包括对编译软件 Keil μVision 和 Proteus 的学习；第二部分是进阶实验，主要是基于 Proteus 和 Keil μVision 的仿真实验；第三部分是综合实验，主要是编写程序、烧录程序、在实验板上验证实验结果，最后是一个综合设计制作实验。

书中的部分仿真程序参考了蔡骏编著的《单片机实验指导教程》、李朝青编著的《单片机原理与接口技术》等教材，实验验证是以启东计算机总厂有限公司 DICE－5120K 新型单片机综合实验仪和上海朗译电子科技有限公司 LY－51S 单片机开发板为基础，也参考了两家公司的相关程序，在此一并表示感谢。

第 7 章 基础实验——编译软件学习

Keil μVision 和 Proteus 软件是目前最流行的开发 MCS – 51 系列单片机的软件包，功能都极其强大和实用。用 Proteus 软件进行单片机系统的虚拟仿真，能为设计者提供一个接近真实运行的实验环境。本章的两个实验的主要任务是熟悉 Keil μVision 和 Proteus 的编译环境，能熟练运用汇编指令系统，并会检查程序执行的结果。

7.1 Keil μVision 编译软件的学习及汇编语言应用实验

7.1.1 实验目的
（1）熟悉 Keil μVision 的编译环境。
（2）熟悉汇编指令系统。
（3）掌握程序设计方法。
（4）掌握利用 Keil μVision 软件调试程序的方法，并会检查程序执行的结果。

7.1.2 实验预备知识
（1）掌握汇编指令相关语句及编写方法。
（2）熟悉单片机存储器结构。

7.1.3 实验内容
（1）通过利用 Keil μVision 软件执行程序的相关指令，将有关数据写入工作寄存器区、位寻址区、数据缓冲区和特殊功能寄存器区各存储单元，并检查各程序执行的结果。
（2）编写并调试一个排序子程序，其功能为用冒泡法将内存 RAM 中几个单字节无符号的正整数，按从小到大的次序重新排列。

7.1.4 实验原理
Keil μVision 软件是目前最流行的开发 MCS – 51 系列单片机的软件之一。Keil μVision 软件提供包括 C 编译器、宏汇编、连接器、库管理和一个功能强大的仿真调试器等在内的完整开发方案，通过一个集成开发环境 Keil μVision 将这些部分组合在一起。该软件具有类似 VC 风格的界面，提供了丰富的工具、命令和窗口，可以使开发者在程序调试过程中随时掌握代码所实现的功能。本实验利用 Keil μVision 软件执行相关指令，并对不同的存储器采取不同的方法来检查程序执行的结果。

（1）Keil μVision 项目工程的建立。

打开 Keil μVision 图标，会出现如图 7.1.1 所示欢迎界面。

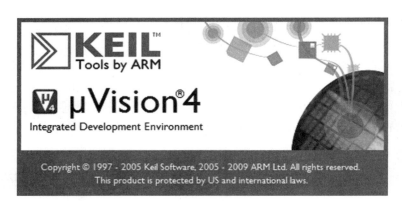

图 7.1.1　Keil μVision 4 的欢迎界面

①建立第一个工程项目文件。

Keil μVision 4 开发环境界面如图 7.1.2 所示，该界面中最上面一行是菜单，菜单下面是各种工具按钮，左边的窗口为项目管理窗口（Project Window），最下面的为输出窗口（Build Output Window）。如果在编译过程中不小心关闭了这些窗口，可以在 View 菜单中找到，然后重新点出来。界面中间部分为工作区，我们通常所编的源程序、调试程序代码会出现在这里。

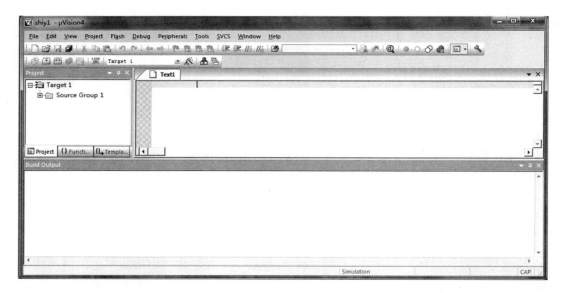

图 7.1.2　Keil μVision 4 开发环境界面

点击 Project 菜单下的 New μVision Project 命令，在出现的对话框中输入项目名，工程名可以用汉字，但为了避免编译出现乱码，最好还是不用汉字做工程名或文件名。在电脑 D 盘合适的文件夹下建立新的工程项目，一般不要放在桌面上，实验室的电脑都带有自动复原功能，重启后桌面文件全部丢失。点击"确定"按钮出现如图 7.1.3 所示的"Select Device for Target 'Target 1'"对话框，然后选择单片机生产厂家和型号。对于 MCS - 51 系列单片机的学习，可以在 Data base 下选择 Atmel，点开"+"号，选择 AT89C51 器件，选中之后在 Description 窗口中可以看到对单片机硬件资源的描述。选好单片机型号之后，点击"OK"即可。

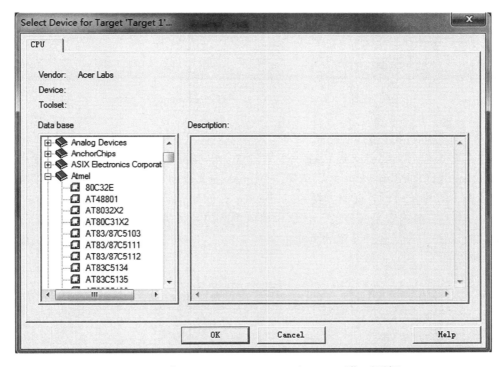

图 7.1.3　"Select Device for Target 'Target 1'"**对话框**

②源程序文件的建立。

使用 File 菜单下 New 命令，弹出源程序编辑窗口，输入程序。点击 File 菜单下 Save as 命令，保存文件为"∗.asm"。注意汇编语言的后缀是 asm，C 语言的后缀是 c。

③将文件加入工程项目中。

建立的源文件必须加入到对应的工程项目中才能进行编译。在 Project 窗口，右键点击 Source Group 1，点击 Add Files to Group "Source Group 1"命令，如图 7.1.4 所示，然后从刚刚保存源文件的文件夹中选中"∗.asm"文件，点击"Add"按钮，将编写的源程序"∗.asm"加入项目中。注意：添加完文件后，该对话框并不消失，等待继续加入其他文件，常被误认为添加文件不成功，其实已添加成功，只需点击"close"按钮关闭对话框即可。

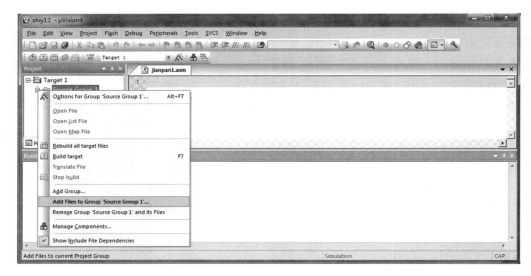

图 7.1.4 "Add Files to Group 'Source Group 1'"命令

（2）工程的详细设置。

建立好工程后，要对其进行进一步的设置，以满足后续工作的要求。右键点击左边的 Project 窗口的 Target 1，然后选择"Options for Target 'Target 1'"出现对工程设置的对话框，其中有 11 个页面，第一个 Device 页面跟前面的"Select Device for Target 'Target 1'"窗口内容是一样的，在这里可以更改单片机的型号，其他页面大部分设置可以取默认值，需要自行设置的页面主要有 Target、Output、Debug 等。Target 页面如图 7.1.5 所示。

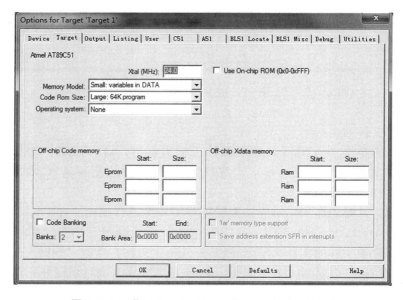

图 7.1.5 "Options for Target 'Target 1'"对话框

页面中 Xtal 后面的数值为晶振频率值，默认值为所选 CPU 的最高工作频率，对 AT89C51 而言为 24.0MHz，该值与最后产生的目标代码无关，仅影响软件仿真显示程序的执行时间。

Memory Model 用于设置 RAM 的使用情况，下拉框有三个选项，分别对应 Small、Compact、Large 三种情况。选"Small"，变量存储在内部 ram 里；选"Compact"，变量存储在外部 ram 里，使用 8 位间接寻址；选"Large"，变量则存储在外部 ram 里，使用 16 位间接寻址；一般默认选"Small"。Code Rom Size 用于设置 ROM 的空间，一般设置为 Large：64K program。Operating system 用于选择操作系统，不用操作系统时选择 None。Off-chip Code memory 用以确定系统扩展 ROM 的地址范围，Off-chip Xdata memory 组用以确定系统扩展 RAM 的地址范围，这些需由硬件来决定。

设置对话框中的 Output 页面也有多个选项，其中 Create Hex file 用于生成可执行代码文件，默认情况下该项未被选中，如果要把程序写入芯片做硬件试验，就必须选中该项，这一点要特别注意。Select Folder for Objects 是用于选择最终生成目标文件所在的文件夹，默认是与工程文件在同一个文件夹中，Name of Executable 用于指定最终生成的目标文件的名字，默认与工程的名字相同。

对于 Debug 页面的设置，第 7、8 章的实验是进行软件仿真，选中 Use Simulator 就可以了。第 9 章实验与试验箱连接，需要在此页面选择 Use Keil Monitor – 51 Driver，setting（设置）中的设置为 Port 只选 COM1～COM4 中空闲的，Baudrate 选 115200，其他所有页面设置为默认选择即可。设置完毕，按确认键返回主界面。

（3）工程的编译。

设置好工程后，就可以进行编译了。选择菜单 Project，选择"Build target"，对当前工程进行连接，如果选择"Rebuild all target files"，将会对当前工程中的所有文件重新编译后再连接，从而确保最终生成的目标代码是最新的。

编译可以生成目标代码"∗.hex"可执行文件，以便进行后面的调试。编译过程中的信息将出现在 Build Output 窗口中，如果源程序中有语法错误，将不会生成"∗.hex"文件且会在 Build Output 窗口报告错误。双击错误提示，可以自动定位到出错的位置；还可以根据错误提示进行修改。如果没有出错，最终会得到如图 7.1.6 所示的结果，提示已生成"∗.hex"文件。

图 7.1.6 工程正确编译后的结果

（4）Keil μVision 4 的仿真调试。

工程文件经过编译后生成目标代码"∗.hex"可执行文件，只是代表语法上没有错误，如果程序在逻辑上出现错误就必须通过调试来解决。绝大部分程序都必须经过反复调试修正才能达到满意的效果，调试是软件开发中的一个重要环节。下面着重介绍常用的调试命令、在线汇编技术，以及设置断点等调试方法。

①常用调试命令、窗口介绍。

Keil μVision 4 内构建一个仿真 CPU 用来模拟执行程序，可以在没有硬件和仿真机的情况下进行程序的调试。在对工程成功汇编、连接后，点击菜单 Debug→Start/Stop Debug Session 或者点击工具 Debug 按钮即可进入调试状态。调试状态和编辑状态相比有明显的变化，在 Debug 菜单中原来不能使用的命令现在都可以使用了，工具栏中还多了一个用于运行和调试的工具条，如图 7.1.7 所示。

图 7.1.7　Debug 工具条

该工具条从左到右依次为复位、运行、暂停、单步执行、过程单步、执行完当前子程序、运行到当前行、下一状态、打开跟踪、观察跟踪、反汇编窗口、观察窗口、代码作用范围分析等命令。

学习程序调试必须先了解全速运行和单步执行的概念。全速运行即一次运行完全部程序，如果程序没有问题，可以看见程序运行的整体效果，但如果出错则很难用这种方法查找到具体的出错位置。单步执行是每执行一行即停止，可以看见当前程序运行的中间状态，两种方式都会经常用到。

在调试的过程中可以随时监视各寄存器的状态，查看存储器的值，还可通过设置变量在观察窗口中观看变量值的变化，以此来检验程序执行的正确性。具体方法是，在调试状态下，选择 View 命令，打开 Memory Windows（子菜单下可以打开 4 个 Memory Windows），在右下方存储器观察窗口的"Address:"栏中输入 d：0000（或 0×00）则显示片内 RAM00H 后的内容，如图 7.1.8 所示。窗口内左边数字对应这一行的起始字节地址，右边就是要观察的字节内容。输入"C:"表示显示程序存储器的内容；输入"X:"表示显示外部数据存储器中的内容。选择 View 命令，打开 Watch Windows，输入寄存器名（如 A、PSW 等）来进行观测。除此之外，还可以点击 Peripherals 菜单，打开弹出框选中相关资源，包括中断源、定时器、计数器，以及 P0、P1、P2、P3 口的窗口，就可观察它们的值。

```
Memory 1                                                    ▼  ⼝ ×
Address: d:0000                                                  🔓
D:0x00:0: 00 00 00 00 00 00 00 00 00 00 00 00 00 00 00 00 00 00
D:0x18:8: 00 00 00 00 00 00 00 00 00 00 00 00 00 00 00 00 00 00
D:0x30:0: 00 00 00 00 00 00 00 00 00 00 00 00 00 00 00 00 00 00
D:0x48:8: 00 00 00 00 00 00 00 00 00 00 00 00 00 00 00 00 00 00
D:0x60:0: 00 00 00 00 00 00 00 00 00 00 00 00 00 00 00 00 00 00
D:0x78:8: 00 00 00 00 00 00 00 FF 07 00 00 00 00 00 00 00 00 00
D:0x90:0: FF 00 00 00 00 00 00 00 00 00 00 00 00 00 FF 00 00 00
D:0xA8:8: 00 00 00 00 00 00 00 00 00 FF 00 00 00 00 00 00 00 00
                                                                ▼
 🗗Call Stack │ 🖾Locals │ 🖾Watch 1 │ 🔲Memory 1 │ 🔣Symbols
```

图 7.1.8　运行程序后存储器窗口

通过单步执行可以找出一些问题所在，但仅仅依靠单步执行来查错有时效率很低，甚至很困难，可以通过单步执行、断点设置等几种方法联合调试来达到目的。

②在线汇编技术。

进入 Keil μVision 的调试环境后，在调试过程中如果发现程序有误，需要对源程序进行修改，在调试状态下可以修改源程序代码，但这种情况下修改没有进行编译，没有形成新的可执行文件，最终仍然是对原来的程序进行调试。要使修改后的程序代码有效，必须先退出调试环境，重新编译连接后再进入调试。在实际应用时，如果只需要对某些程序行，或一个变量的多个取值进行测试而对原程序进行临时修改，就显得有些麻烦，为此 Keil 软件提供了在线汇编的操作方案。在线汇编不用回到编辑状态，而是在调试模式下对可执行文件直接进行修改，修改后直接调试即可看到修改后程序的效果。启动在线汇编的方法是将光标定位于需要修改的程序行上，在右键菜单或 Debug 下选择 Inline Assembler，即可出现如图 7.1.9 所示的对话框。

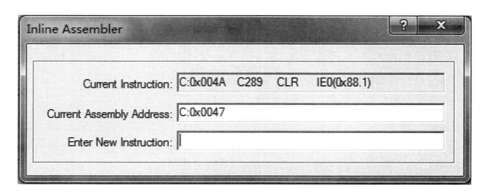

图 7.1.9　在线调试窗口

在 Enter New Instruction 后面的编辑框内直接输入需要更改的程序语句，输入完毕按回车键将自动指向下一条语句，可以继续修改；如果不再需要修改，则可以点击右上角的关闭按钮关闭窗口。在线汇编修改的是编译后的可执行文件，源程序并不发生改变。

③断点设置。

调试程序时，一些程序行必须满足一定的条件，如程序中某变量达到一定的值、按键被按下、串口接收到数据、有中断产生等。这些条件往往是异步发生或难以预先设定的，使用单步调试方法很难解决这类问题，这时就要使用到程序调试中的另一种非常重要的方法——设置断点。设置好断点后可以全速运行程序，一旦运行遇到断点就会停止运行，此时可以观察有关变量的值及寄存器的值以确定问题所在。设置/移除断点的方法是将光标定位到需要设置断点的程序行，在菜单 Debug 下选择 Insert 再点击"Remove BreakPoint"设置或移除断点，也可以用鼠标双击该行以实现相同的功能，这些功能也可以用工具条中相应的快捷按钮进行设置。

④改变存储器的值。

在 Command 命令窗口的命令行中输入"E CHAR D：30H = 11H，22H，33H，44H，55H"后按回车键，便可以改变存储器中多个单元的内容。修改存储器内容的方法还有一个，就是在要修改的单元上点击鼠标右键，弹出快捷菜单，选择"Modify Memory at D：0x"命令来修改当前单元的内容，这样每次只能修改一个单元的内容。

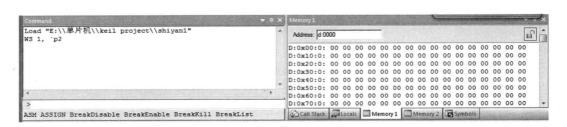

图 7.1.10　修改存储器内容

7.1.5　实验步骤

（1）打开 Keil μVision 软件，按实验原理中建立工程、编译文件的步骤，运行下面的程序，将有关数据写入工作寄存器区、位寻址区、数据缓冲区和特殊功能寄存器区各存储单元，并参考预备知识中有关内容对程序的执行结果进行检查。

表 7.1.1　程序 A：工作寄存器区的数据传送

源程序	注释	检查数据
ORG　0000H	表示程序从地址 0000H 存放	
MOV　R0，#11H	将立即数 11H 送到寄存器 R0 中	（　　H）＝11H
MOV　R1，#22H	将立即数 22H 送到寄存器 R1 中	（　　H）＝22H
MOV　R2，#33H	将立即数 33H 送到寄存器 R2 中	（　　H）＝33H
MOV　R3，#44H	将立即数 44H 送到寄存器 R3 中	（　　H）＝44H

（续上表）

源程序	注释	检查数据
MOV　PSW，#10H	使工作寄存器工作于 2 区	（　　H）＝10H
MOV　R0，#55H	将立即数 55H 送到寄存器 R0 中	（　　H）＝55H
MOV　R1，#66H	将立即数 66H 送到寄存器 R1 中	（　　H）＝66H
MOV　R2，#77H	将立即数 77H 送到寄存器 R2 中	（　　H）＝77H
MOV　R3，#88H	将立即数 88H 送到寄存器 R3 中	（　　H）＝88H
SJMP　$		
END	程序结束	

表 7.1.2　程序 B：位寻址区的数据传送（注意位地址检查数据的方法）

源程序	注释	检查数据
ORG　0000H	表示程序从地址 0000H 存放	
MOV　20H，#0F0H	将字节地址 20H 单元中的内容置 F0H	（20H）＝（　　H）
SETB　00H	将位地址 00H 单元中的内容置 1	（　　H）＝1
SETB　01H	将位地址 01H 单元中的内容置 1	（　　H）＝1
SETB　02H	将位地址 02H 单元中的内容置 1	（　　H）＝1
SETB　03H	将位地址 03H 单元中的内容置 1	（　　H）＝1
CLR　04H	将位地址 04H 单元中的内容置 0	（　　H）＝0
CLR　05H	将位地址 05H 单元中的内容置 0	（　　H）＝0
CLR　06H	将位地址 06H 单元中的内容置 0	（　　H）＝0
CLR　07H	将位地址 07H 单元中的内容置 0	（　　H）＝0 （20H）＝（　　）
MOV　P1，#0FFH	将字节地址 90H 单元中的内容置 FFH	（90H）＝（　　）
CLR　90H	将 P1.0 置 0	（　　H）＝0
SETB　90H	将 P1.0 置 1	（　　H）＝1
CLR　91H	将 P1.1 置 0	（　　H）＝0
SETB　91H	将 P1.1 置 1	（　　H）＝1
SJMP　$		
END	程序结束	

表 7.1.3 程序 C：数据缓冲区和特殊功能寄存器区的数据传送

源程序	注释	检查数据
ORG 0200H	表示程序从地址 0200H 存放	
MOV 30H，#99H	将立即数 99H 送到 30H 中	（30H）＝（ ）
MOV 45H，#0AAH	将立即数 AAH 送到 45H 中	（45H）＝（ ）
MOV SP，#50H	将立即数 50H 送到堆栈指针 SP 中	（ H）＝50H
MOV A，#60H	将立即数 60H 送到累加器 A 中	（ H）＝60H
MOV P1，#55H	将立即数 55H 送到 P1 口中	（ H）＝55H
MOV PSW，#90H	使工作寄存器工作于 2 区、进位位 CY 置 1	（ H）＝90H
MOV DPTR，#1234H	将立即数 1234H 送到数据指针 DPTR 中	（ H）＝12H （ H）＝34H
END	程序结束	

注：本程序有两个错误，也是我们编程常出现的小问题，请阅读执行 Debug 时的出错代码，并参考程序 A、B 进行修改。

（2）编写程序，使得存放在 50H 到 5AH 单元的数字按从大到小的顺序排列。运行参考程序，检查 50H 到 5AH 单元是否按从小到大的顺序排列，修改程序将 50H 到 5AH 单元改为按从小到大的顺序排列。

注意事项：

（1）新建项目或源程序的路径名和文件名不能使用中文，项目和文件不能存放在桌面上。

（2）源程序编译出错时，请先检查：相应程序行中字母 O 和数码 0 是否用混了；标点符号（尤其是“，”和“：”）是不是全角字符。

（3）不同实验内容的源程序“＊.asm”不能加到同一个项目中，若已经加上，请单击“项目工作区”中相应文件的文件名，再按鼠标右键，选择“Remove File …”，确认后即可从项目中移除相应文件。

7.1.6 用冒泡法排序编程的参考程序

```
        ORG 0000H
        LJMP QUE
        ORG 0080H
QUE：   MOV 50H，#08H
        MOV 51H，#01H
        MOV 52H，#07H
        MOV 53H，#02H
```

```
        MOV 54H，#06H
        MOV 55H，#09H
        MOV 56H，#02H
        MOV 57H，#04H
        MOV 58H，#08H
        MOV 59H，#03H
        MOV 5AH，#05H
        MOV R3，#50H
QUE1：MOV A，R3
        MOV R0，A；指针送 R0
        MOV R7，#0AH；长度送 R7
        CLR 00H；清标志位
        MOV A，@R0
QL2：  INC R0
        MOV R2，A
        CLR C
        MOV 22H，@R0
        CJNE A，22H，QL3；相等吗?
        SETB C
QL3：  MOV A，R2
        JC QL1；大于交换位置
        SETB 00H
        XCH A，@R0
        DEC R0
        XCH A，@R0
        INC R0；大于交换位置
QL1：  MOV A，@R0
        DJNZ R7，QL2
        JB 00H，QUE1；一次循环中有交换继续
LOOP：SJMP LOOP；无交换退出
        END
```

7.1.7　思考题

在实验中，程序运行前没有对单片机数据存储器进行清零操作，试编程对 RAM 字节地址为 00H 至 7FH 的单元进行清零。

127

7.2　Proteus 软件学习与流水灯仿真实验

7.2.1　实验目的

（1）熟悉 Proteus 软件的编译环境。

（2）了解单片机 I/O 口的基本输出功能。

（3）掌握用 P1 口实现简单控制的方法。

（4）掌握用 Proteus 软件实现单片机系统仿真的方法。

7.2.2　实验预备知识

Proteus 软件是英国 Lab Center Electronics 公司开发的工具软件，它组合了高级原理布图、混合模式 SPICE 仿真、PCB 设计以及自动布线来实现一个完整的电子设计系统，从原理布图、代码调试到单片机与外围电路协同仿真，一键切换到 PCB 设计，真正实现了从概念到产品的完整设计。运用 Proteus 软件，可以在目标板投产前，就对设计的硬件系统的功能、合理性和性能指标进行充分调整，并能够在没有物理目标板的情况下，进行相应软件的开发和调试，降低开发风险。Proteus 包括 Proteus VSM（Virtural System Modelling，虚拟系统模型）和 Proteus PCB Design（Proteus 印制电路板设计）两大部分。

单片机的软件设计与仿真主要在智能原理图输入系统 ISIS 中进行，本实验以 Proteus 7 Professional 版本（汉化版）为平台。双击桌面上的 ISIS 7 Professional 图标或单击屏幕左下方的"开始"→"程序"→"Proteus 7 Professional"→"ISIS 7 Professional"，进入 Proteus ISIS 集成环境，如图 7.2.1 所示。

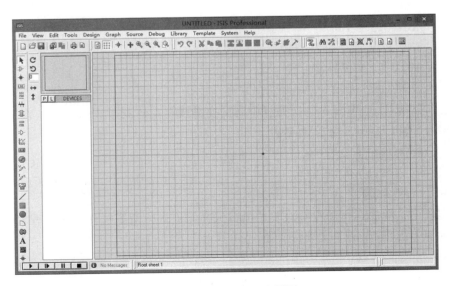

图 7.2.1　Proteus ISIS 界面

　　Proteus ISIS 的工作界面是一种标准的 Windows 界面，包括标题栏、主菜单、标准工具栏、绘图工具栏、状态栏、对象选择按钮、预览对象方位控制按钮、仿真进程控制按钮、预览窗口、对象选择器窗口、图形编辑窗口。利用 Proteus 软件进行单片机仿真，首先要绘制仿真电路，Proteus 提供界面友好的人机交互式集成设计环境，有许多专业书籍对此做了详细的介绍，本书只介绍在绘制好电路图后，为单片机添加实验程序的两种常用方法。

　　第一种方法是利用 Proteus 自带的编译器，对编写好的 C 语言或者汇编语言的程序进行编译，生成仿真代码。Proteus 软件有多种自带的编译器，包括 ASM 的、PIC 的、AVR 的汇编器等。使用时，先要设置代码产生工具。点击"Source"，在下拉菜单中点击"Define Code Generation Tool"，在弹出的"Add/Remove Code Generation Tools"对话框中，点击"Code Generation Tool"栏下拉列表框按钮，选择"ASEM51"（51 汇编器）；在"Make Rules"栏和"Debug Data Extraction"栏按图 7.2.2 进行设置，点击"OK"。

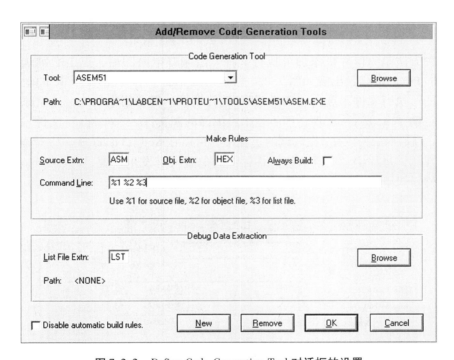

图 7.2.2　Define Code Generation Tool 对话框的设置

　　接下来添加源文件，点击菜单栏中的"Source"，在下拉菜单中点击"Add/Remove Source Code Files"（添加或删除源程序），出现一个对话框，如图 7.2.3 所示。点击对话框中的"New"按钮，在出现的对话框中找到保存好的源程序文件，点击"打开"，然后点击"OK"按钮，就可以进行编译了。点击菜单栏中的"Source"，在下拉菜单中点击"Build All"，编译结果的对话框就会出现在我们面前；如果有错误，对话框会告诉我们是哪一行出现了问题。添加编译源程序文件完毕，就可以进行仿真调试了。

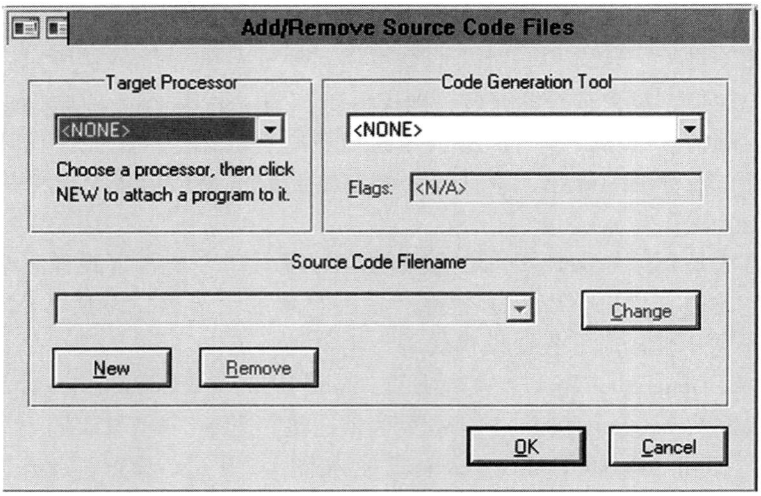

图7.2.3 Add/Remove Source Code Files **对话框**

第二种方法是为单片机添加可执行文件。绘制好电路图后，点击右键选择单片机图标"Edit Properties"，出现如图7.2.4所示的对话框。在 Program File 的地址栏里选中要调试的可执行文件，点击"OK"即可进行调试。需要指出的是，这里添加的是编译后可执行的"*.hex"文件，而不是未经编译的源文件。"*.hex"文件可以事先用 Keil μVision 软件编译产生。在调试的过程中，可以在 Keil μVision 软件中对程序进行修改，如果在调试过程中"*.hex"文件存储的位置没有发生改变，那么 Proteus 会从设置好的文件目录下自动调用新修改的文件，不用重新添加。

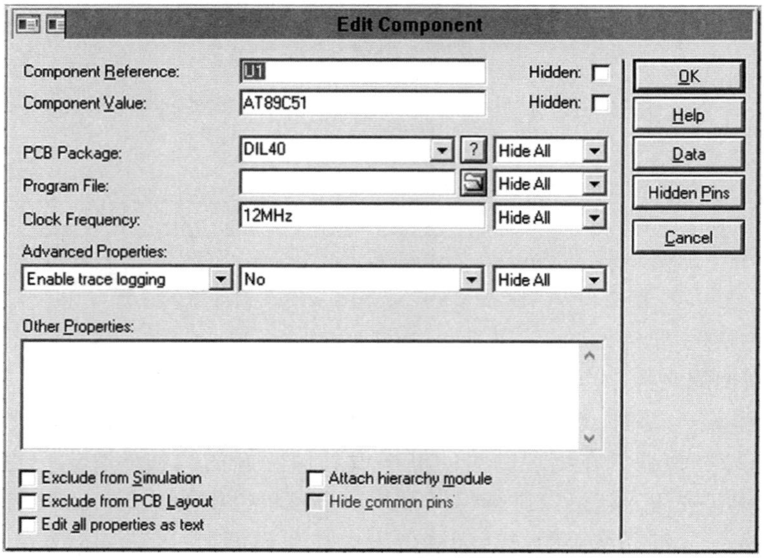

图7.2.4 Edit Properties **对话框**

在调试模式下，点击菜单栏中的"Debug"，在下拉菜单的最下面可以看到在编辑模式基础上增加的一些下拉菜单，见图7.2.5。点击"Simulation Log"会出现和模拟调试有关的信息。点击"Watch Window"窗口可以监测 AT89C51 单片机常用的特殊功能寄存器的值，有 Add Item（By Name）和 Add Item（By Address）两种添加方式。点击"8051 CPU SFR Memory – U1"会出现特殊功能寄存器（SFR）窗口，点击"8051 CPU Internal（IDATA）Memory"会出现数据寄存器窗口。无论在单步调试状态还是在全速调试状态，所有窗口的内容都会随着寄存器的变化而变化，这点对调试程序很有用。

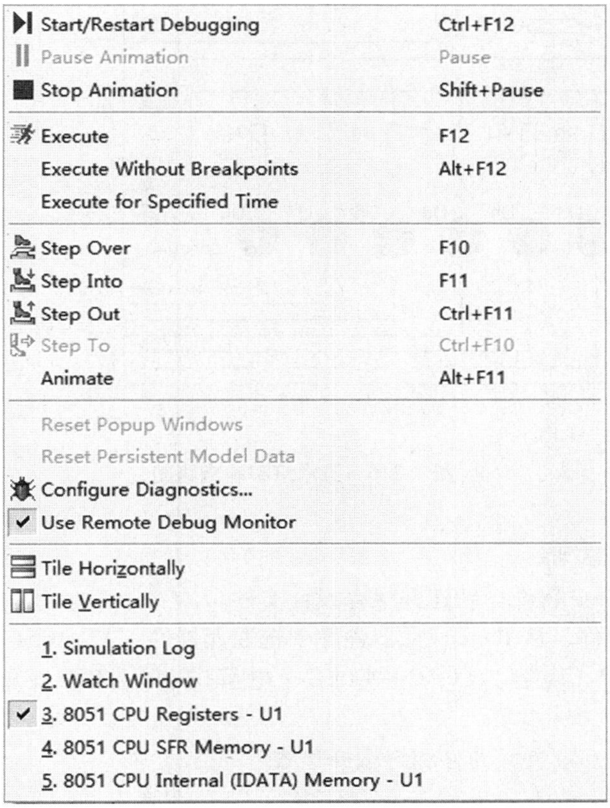

▶ Start/Restart Debugging	Ctrl+F12
‖ Pause Animation	Pause
■ Stop Animation	Shift+Pause
⧪ Execute	F12
Execute Without Breakpoints	Alt+F12
Execute for Specified Time	
Step Over	F10
Step Into	F11
Step Out	Ctrl+F11
Step To	Ctrl+F10
Animate	Alt+F11
Reset Popup Windows	
Reset Persistent Model Data	
Configure Diagnostics...	
✔ Use Remote Debug Monitor	
Tile Horizontally	
Tile Vertically	
1. Simulation Log	
2. Watch Window	
✔ 3. 8051 CPU Registers - U1	
4. 8051 CPU SFR Memory - U1	
5. 8051 CPU Internal (IDATA) Memory - U1	

图 7.2.5　调试模式下的 Debug 菜单

7.2.3　实验内容

在 Proteus 软件中，利用 P1 口的通用 I/O 口功能，P1 口作为输出口，通过程序向 P1 口传送数据，用八只发光二极管分别显示 P1.0 ~ P1.7 各管脚的电平状态。编写程序，控制八只发光二极管按一定的规律循环点亮。点亮和熄灭的时间可以用延时程序控制，晶振频率设定为 6MHz。

7.2.4 实验参考电路

P1 口接发光二极管的阴极，P1 口的管脚输出低电平时对应的发光二极管点亮，实验电路如图 7.2.6 所示。

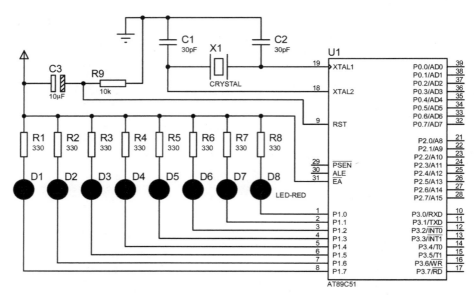

图 7.2.6 流水灯实验电路图

7.2.5 实验步骤

（1）打开 Proteus 软件，新建并保存设计文件。

（2）选取元器件。从 Proteus 元器件库中选取元器件：AT89C51（单片机）、CRYS-TAL（晶振）、CAP（电容）、CAP – ELEC（电解电容）、RES（电阻）、LED – RED（红色发光二极管）。

（3）按图 7.2.6 放置元器件和终端并连线。

（4）属性设置。先右击再单击元器件电容 C1，在弹出的"Edit Component"对话框中将电容量改为 30pF，单击"OK"完成元器件电容 C1 的属性编辑。用同样方法编辑其他元器件的属性。

（5）电气规则检测。单击"工具"→"电气规则检查"，弹出检查结果窗口，完成电气检测。若检测出错，根据提示修改电路图并保存，直至检测成功。

（6）打开 Keil μVision 软件，添加源程序，编译源程序，生成可执行目标代码"＊.hex"文件，并记录文件的加载路径。

（7）在 Proteus 软件里为单片机加载目标代码文件。参考"7.2.2 实验预备知识"中为单片机添加实验程序的第二种方法，为电路图中的单片机加载上一步骤在 Keil μVision 软件中生成的可执行目标代码"＊.hex"文件。另外，将"Clock Frequency"栏中的频率设为 6MHz。

（8）仿真。单击仿真工具栏"运行"按钮，单片机全速运行程序。参考"7.2.2 实验预备知识"，打开"Watch Window""8051 CPU Source Code"，以及观察窗口和源代码调试窗口，添加程序中用到的特殊功能寄存器和工作寄存器，然后进行观察。通过编辑区电路图观察并记录八只发光二极管的控制规律与设计是否相符，同时通过观察窗口观察延时子程序中所用的工作寄存器的值在调试过程中的变化规律。

7.2.6 实验参考程序

表 7.2.1　程序 1：8 只发光二极管同时交替亮灭

源程序	注释
ORG　0000H	表示程序从地址 0000H 存放
START：MOV　P1，#00H	将 P1 口 8 个管脚置 0
ACALL　DELAY	调用延时子程序
MOV　P1，#0FFH	将 P1 口 8 个管脚置 1
ACALL　DELAY	调用延时子程序
SJMP　START	返回，从 START 开始重复
DELAY：MOV　R3，#240	延时子程序
DEL2：　MOV　R4，#249	
DEL1：　NOP	
DJNZ　R4，DEL1	
DJNZ　R3，DEL2	
RET	子程序返回
END	程序结束

表 7.2.2　程序 2：8 只发光二极管循环点亮

源程序	注释
ORG　0000H	表示程序从地址 0000H 存放
LJMP　MAIN	
ORG　1000H	表示程序从地址 1000H 存放
MAIN：　MOV　A，#7FH	
L1：　MOV　P1，A	将 A 的内容通过 P1 口输出

（续上表）

源程序	注释
LCALL　DELAY	调用延时子程序
RR　A	A 右移一位
SJMP　L1	
DELAY：MOV R0，#80H	延时子程序
DELAY1：MOV R1，#00H	
DELAY2：DJNZ R1，DELAY2	
DJNZ R0，DELAY1	
RET	子程序返回
END	程序结束

7.2.7　思考题

（1）根据实验中所用的晶振频率和延时子程序中工作寄存器的取值，估算程序中 LED 灯明灭的时间，并思考如何改变延迟时间可以使闪亮速度更快或更慢一些。

（2）编写程序使流水灯实现其他几种不同的控制状态（如从中间到两边等）。

第 8 章 进阶实验——基于 Proteus 和 Keil μVision 软件仿真

本章是单片机技术进阶实验，主要是基于 Proteus 和 Keil μVision 软件进行仿真实验。本章选取的 4 个实验都是涉及单片机应用的基本实验，包括汽车转向信号灯控制仿真实验、四路抢答器仿真实验、数码管仿真实验以及 4×4 矩阵键盘仿真实验。通过学习这些实验，可以让大家学会利用 Keil μVision 软件编写相关程序，并在 Proteus 软件中运行，能够检查运行结果，并修改程序，实现相应功能。

8.1 汽车转向信号灯控制仿真实验

8.1.1 实验目的
（1）掌握多分支程序的设计方法。
（2）掌握用分支程序编程控制汽车转向信号灯的方法。
（3）掌握用 Proteus 软件调试汇编源程序的方法。

8.1.2 实验要求
本实验是要设计一个单片机控制系统，模拟汽车在进行左转向、右转向、刹车和紧急开关、停靠等操作时，实现对各种信号指示灯的控制。

具体要求如下：

（1）正常驾驶时，接通左转弯开关，左转弯灯、左头灯、左尾灯同时闪烁；接通右转弯开关，右转弯灯、右头灯、右尾灯同时闪烁。

（2）刹车时，接通刹车开关，左尾灯、右尾灯同时亮。

（3）停靠站时，接通停靠开关，左头灯、右头灯、左尾灯、右尾灯同时闪烁。

（4）出现紧急情况时，接通紧急开关，左转弯灯、右转弯灯、左头灯、右头灯、左尾灯、右尾灯同时闪烁。

8.1.3 实验原理及参考电路
单片机控制系统需要具备两部分功能，一是能够区别汽车的行驶状态，按设计要求，有正常行驶左转弯、正常行驶右转弯、刹车、停靠、紧急情况 5 种状态；二是能够控制汽车的信号灯，包括左转弯灯、左头灯、左尾灯、右转弯灯、右头灯、右尾灯 6 盏。可以用两组单片机的 I/O 口来实现，比如用 P1 口的 P1.2 ～ P1.7 管脚做输出口控制 6 盏汽车转向信号灯，P1 口输出低电平时灯被点亮，实验时可用发光二极管代替灯；

用 P3 口的 P3.0～P3.4 管脚做输入口接 5 个控制开关，假设控制开关输出低电平有效，控制开关的信号通过 P3 口送入单片机。

假设控制开关与 P3 口各管脚的对应关系如表 8.1.1 所示。汽车转向信号灯控制实验电路如图 8.1.1 所示，实验所用晶振频率为 6MHz。根据硬件接线可推导出控制状态与 P1 口控制码的信号灯的对应关系，如表 8.1.2 所示。

表 8.1.1　控制开关与 P3 口各管脚的对应关系

P3 口管脚	P3.7	P3.6	P3.5	P3.4	P3.3	P3.2	P3.1	P3.0
控制状态				紧急	停靠	刹车	右转弯	左转弯

表 8.1.2　控制状态与 P1 口控制码的信号灯的对应关系

控制状态	P1 口控制码	P1.7 左转弯灯	P1.6 右转弯灯	P1.5 左头灯	P1.4 右头灯	P1.3 左尾灯	P1.2 右尾灯
左转弯	57H/FFH	闪烁	1	闪烁	1	闪烁	1
右转弯	ABH/FFH	1	闪烁	1	闪烁	1	闪烁
刹车	F3H/FFH	1	1	1	1	闪烁	闪烁
停靠	C3H/FFH	1	1	闪烁	闪烁	闪烁	闪烁
紧急	03H/FFH	闪烁	闪烁	闪烁	闪烁	闪烁	闪烁

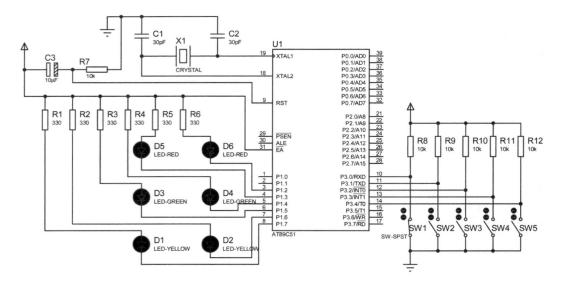

图 8.1.1　汽车转向信号灯控制实验电路图

8.1.4 实验步骤

（1）新建设计文件，设置图纸尺寸，设置网格，保存设计文件。

（2）选取元器件。从 Proteus 元器件库中选取元器件：AT89C51（单片机）、CRYS-TAL（晶振）、CAP（电容）、CAP - ELEC（电解电容）、RES（电阻）、LED - YELLOW（黄色发光二极管）、LED - GREEN（绿色发光二极管）、LED - RED（红色发光二极管）、SW - SPST（单刀单掷开关）。

（3）按图 8.1 放置元器件和终端并连线。

（4）设置元器件属性并进行电气规则检测。先右击再单击各元器件，按图 8.1 设置元器件的属性值。单击"工具"→"电气规则检查"，完成电气检测。

（5）打开 Keil μVision 软件，添加源程序，编译源程序，生成可执行目标代码" ∗ . hex"文件，并记录文件的加载路径。

（6）在 Proteus 软件里为单片机加载目标代码文件。参考"7.2.2 实验预备知识"中为单片机添加实验程序的第二种方法，为电路图中的单片机加载上一步骤在 Keil μVision 软件中生成的可执行目标代码" ∗ . hex"文件。另外，将"Clock Frequency"栏中的频率设为 6MHz。

（7）仿真。单击仿真工具栏"运行"按钮，单片机全速运行程序。拨动控制开关 SW1 ~ SW5，观察并记录 6 盏信号灯的控制规律。

8.1.5 实验参考程序

表 8.1.3 6 盏信号灯的控制规律

源程序	注释
ORG 0000H	
LJMP MAIN	
ORG 0030H	
MAIN:MOV P3,#0FFH	
MOV A,P3	; 读 P3 口输入数据
JNB ACC. 4,JJ	; ACC. 4 = 0，转移到紧急状态
JNB ACC. 3,TK	; ACC. 3 = 0，转移到停靠状态
JNB ACC. 2,SC	; ACC. 2 = 0，转移到刹车状态
JNB ACC. 1,YZW	; ACC. 1 = 0，转移到右转弯状态
JNB ACC. 0,ZZW	; ACC. 0 = 0，转移到左转弯状态
SJMP MAIN	
JJ:MOV P1,#03H	; 紧急状态
LCALL DELAY1	; 0.1s 延时

（续上表）

源程序	注释
MOV　P1,#0FFH	；信号灯全灭
LCALL　DELAY1	
SJMP　MAIN	
TK:MOV　P1,#0C3H	；停靠状态
LCALL　DELAY2	；0.5s 延时
MOV　P1,#0FFH	；信号灯全灭
LCALL　DELAY2	
SJMP　MAIN	
SC:MOV　P1,#0F3H	；刹车状态
LCALL　DELAY2	；0.5s 延时
MOV　P1,#0FFH	；信号灯全灭
SJMP　MAIN	
YZW:MOV　P1,#0ABH	；右转弯状态
LCALL　DELAY2	；0.5s 延时
MOV　P1,#0FFH	；信号灯全灭
LCALL　DELAY2	
SJMP　MAIN	
ZZW:MOV　P1,#57H	；左转弯状态
LCALL　DELAY2	；0.5s 延时
MOV　P1,#0FFH	；信号灯全灭
LCALL　DELAY2	
SJMP　MAIN	
ORG　0100H	；0.1s 延时子程序
DELAY1:MOV　R3,#100	；0.1s 循环次数
DEL1:MOV　R2,#248	；1ms 循环次数
NOP	
DEL2:DJNZ　R2,DEL2	
DJNZ　R3,DEL1	
RET	；子程序返回
ORG　0200H	；0.5s 延时子程序
DELAY2:MOV　R4,#5	；0.5s 循环次数

（续上表）

源程序	注释
DEL3：MOV　R3，#100	；100ms 循环次数
DEL4：MOV　R2，#248	；1ms 循环次数
NOP	
DEL5：DJNZ　R2，DEL5	
DJNZ　R3，DEL4	
DJNZ　R4，DEL3	
RET	；子程序返回
END	

8.1.6　思考题

（1）分析主程序中 JNB 指令的作用。

（2）分析程序，说明程序是如何实现信号灯的多次闪烁的。

（3）分析控制开关与汽车信号灯的对应关系。

8.2　四路抢答器仿真实验

8.2.1　实验目的

（1）理解中断的概念、基本原理，了解中断技术的应用。

（2）了解中断初始化的方法和中断服务子程序的设计方法。

（3）了解定时/计数器的工作原理及 AT89C51 单片机定时器的内部结构。

（4）掌握定时器初值的计算方法。

（5）掌握定时器初始化的方法和定时中断程序的设计方法。

8.2.2　实验要求

利用单片机中断系统设计一个四路抢答器。要求主持人按下启动键后，抢答指示灯亮，并开始计时。10s 内，任何一个人第一时间抢答成功，相应指示灯亮，其他人的抢答则被屏蔽；如果超过 10s 没有人抢答，则此题作废，指示灯灭，准备进行下一题的抢答。

8.2.3　实验原理及参考电路

本实验可用 P2.0 ~ P2.3 管脚分别接选手的按钮，并通过与门和外部中断 0 引脚（P3.2）相连，P3.3 接扬声器，P1.0 ~ P1.3 接指示灯。当 S1 ~ S4 中有一个按钮按下时，都能产生中断，而其他人按下属于同级中断，CPU 不再响应。CPU 响应中断时，点亮相应指示灯。软件部分可分为主程序模块、外部中断 0 模块、定时器 T0 中断模块三部分。

（1）主程序模块，包括初始化部分和抢答倒计时部分。

初始化部分：包括对定时器的工作方式、初始化数值的设置，以及对抢答时间与答题时间的预设。另外，还应对外部中断 0、定时器 T0 进行开放。

抢答倒计时部分：在倒计时过程中要不断与抢答时间 10s 比较，当大于 10s 时，熄灭抢答灯，此题无效；小于 10s，抢答有效，需要分辨出抢答按键，并在对应的 I/O 口上显示出来。

（2）外部中断 0 模块。一旦 P3.2 对应按键被按下，便进入 INT0 中断过程。应当读取按键状态，并在 P1 口相应的 LED 上显示出来，通过 LED 灯明灭变化表示对应的按键。

（3）定时器 T0 中断模块。定时 10s 可以使 T0 工作在方式 1 下，定时 50ms，并循环 200 次。在方式 1 中，定时器 T1 的最大计数值为 65 536，而定时 50ms 需要完成 50 000 次计数，由此可计算出定时器的初始值。初值 $X = 65\ 536 - 50\ 000 = 15\ 536$，$D =$ 3CB0H。

在子程序 DELAY 中确定定时器初值的指令为：

MOV TH1，#3CH

MOV TL1，#0B0H

实验的参考电路如图 8.2.1 所示。

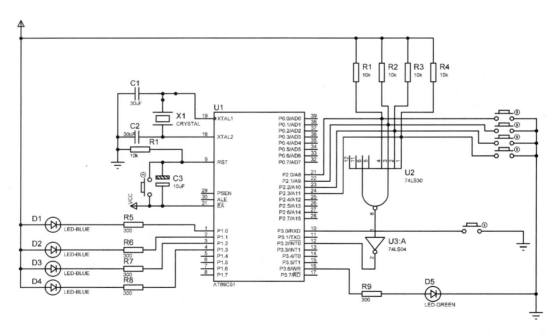

图 8.2.1　抢答器实验参考电路图

8.2.4　实验步骤

（1）新建设计文件，设置图纸尺寸，设置网格，保存设计文件。

（2）选取元器件。从 Proteus 元器件库中选取元器件：AT89C51（单片机）、Button（按键）、74LS04、74LS30、RES（电阻）、LED – RED（红色发光二极管）、LED – BLUE（蓝色发光二极管）。

（3）按图 8.2 放置元器件和终端并连线。

（4）设置元器件属性并进行电气规则检测。先右击再单击各元器件，按图 8.2 设置元器件的属性值。单击"工具"→"电气规则检查"，完成电气检测。

（5）打开 Keil μVision 软件，添加源程序，编译源程序，生成可执行目标代码"∗.hex"文件，并记录文件的加载路径。

（6）在 Proteus 软件里为单片机加载目标代码文件。参考"7.2.2　实验预备知识"中为单片机添加实验程序的第二种方法，为电路图中的单片机加载上一步骤在 Keil μVision 软件中生成的可执行目标代码"∗.hex"文件。另外，将"Clock Frequency"栏中的频率设为 6MHz。

（7）仿真。单击仿真工具栏"运行"按钮，单片机全速运行程序。拨动抢答开关，观察 P1 口 LED 灯闪烁规律。

8.2.5　实验参考程序

```
ORG 0000H
LJMP MAIN
ORG 0003H            ; INT0 入口地址
LJMP PINT0
ORG 000BH
LJMP T0INT           ; T0 入口地址
ORG 0040H
COUNT EQU 30H
MAIN：MOV SP，#40H
      SETB EA
      SETB IT0
AGAIN：MOV P1，#0FFH
      CLR IE0
      CLR P3.6
      CLR F0
      JB P3.0，$
      SETB EX0
      SETB P3.6
      MOV COUNT，#00H
      MOV TMOD，#01H
      MOV TH0，#3CH
```

```
            MOV TL0，#0B0H
            SETB TR0
            SETB ET0
    WAIT：JB F0，AGAIN
            MOV A，COUNT
            CLR C
            SUBB A，#200
            JC WAIT
            CLR TR0
    ；定时器中断程序
    T0INT：MOV TH0，#3CH
            MOV TL0，#0B0H
            INC COUNT
            RETI
    ；外部中断程序：有人抢答
    PINT0：CLR EX0
            CLR P3.6
            SETB F0
            MOV P1，P2
            LCALL DELAY
            RETI
    DELAY：MOV R5，#20
    D1：MOV R6，#200
    D2：MOV R7，#248
    DJNZ R7，DJNZ R6，D2
    DJNZ R5，D1
    RET
        END
```

8.2.6 思考题

（1）阅读程序，回答：为什么当一个人抢答成功后，其他人不能再抢答？试结合中断控制说明原因。

（2）用改变定时器初值和改变循环次数两种不同的方法将抢答时间由原来的 10s 改为 12s。

（3）实验中给出的参考程序并不完美，有不少值得修改的地方，比如：①主持人按下抢答键之后，如果有人抢答，对应的指示灯会亮，但目前的程序指示灯亮的时间不是很长，可以适当延长些；②主持人按下抢答键之后，如果在规定的时间（10s）内没人抢答，P3.6 对应的抢答允许指示灯会熄灭，但在规定的时间之后如果按下抢答键，对应的指示灯还会亮。试修改程序以纠正以上错误。

8.3　数码管仿真实验

8.3.1　实验目的

（1）熟悉数码管与单片机的常用连接方法。
（2）掌握数码管静态和动态显示的编程方法。

8.3.2　实验要求

（1）完成数码管的静态显示，利用单片机的不同 I/O 口分别连接共阴极数码管和共阳极数码管，编程完成两个数码管同时循环显示 0、1、2、…、F 十六进制数码，时间间隔为 1s。
（2）使用一组八位数码管，动态显示自己的学号。

8.3.3　实验原理及参考电路

LED 数码管由于结构简单、价格低廉，而得到广泛的应用，其外形结构如图 8.3.1（a）所示。数码管可分为共阳极和共阴极两种类型，共阳极数码管是将 8 个发光二极管的阳极连接在一起作为公共端，而共阴极是将 8 个发光二极管的阴极连接在一起作为公共端。8 个发光二极管的编号依次为：a，b，c，d，e，f，g 和 dp，除了与公共端相连接之外的 8 个管脚分别与数码管的同名管脚相连。公共端作为位选线，而其他位为段选线，如图 8.3.1 所示。

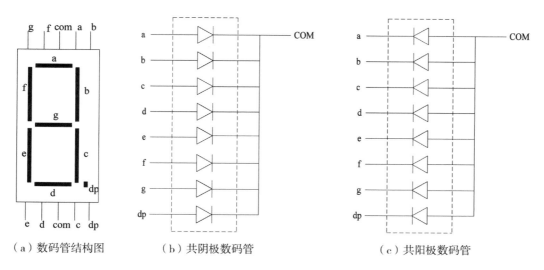

（a）数码管结构图　　　（b）共阴极数码管　　　（c）共阳极数码管

图 8.3.1　数码管结构图

数码管的显示是通过同名管脚上所加电平的高低来控制发光二极管是否已点亮，

从而显示不同的字符。假定共阳数码管 dp，g，f，e，d，c，b 和 a 分别对应一个字节数据中的 bit7，bit6，bit5，bit4，bit3，bit2，bit1 和 bit0，则数据为"1"的位（TTL 高电平）对应段不亮，数据为"0"的位（TTL 低电平）对应段点亮。如果将这个字节数据用十六进制表示，每一个字符将对应唯一的数值，该数值被称为段选码。

共阴极数码管的操作方法与共阳极数码管基本相同，但是因为公用阴极，数据为"1"的位（TTL 高电平）对应段点亮，数据为"0"的位（TTL 低电平）对应段不亮，因此，共阴极数码管与共阳极数码管段选码正好相反。

共阴极和共阳极数码管段选码如表 8.3.1 所示。该表一般存放在程序存储器中，各地址的偏移量为相应段选码对表起始的项数。当然也可以根据需要来设计特殊的字形码，只需要修改码表即可。

表 8.3.1　共阴极和共阳极数码管段选码编码表

显示字符	段选码		显示字符	段选码	
	共阴极	共阳极		共阴极	共阳极
0	3FH	COH	A	77H	88H
1	06H	F9H	B	7CH	83H
2	5BH	A4H	C	39H	C6H
3	4FH	BOH	D	5EH	A1H
4	66H	99H	E	79H	86H
5	6DH	92H	F	71H	8EH
6	7DH	82H	–	40H	BFH
7	07H	F8H	P	73H	8CH
8	7FH	8OH	熄灭	00H	FFH
9	6FH	9OH			

数码管的显示方法可以分为静态显示和动态显示两种。

静态显示：各 LED 数码管的共阴极或共阳极连接在一起并接地或接高电平，每个数码管的段选线分别与一个 8 位并行 I/O 口相连。静态显示可以使各 LED 数码管同时并且稳定地显示各自字符。数码管静态显示电路如图 8.3.2 所示：

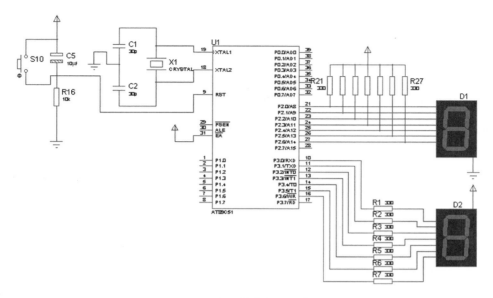

图 8.3.2　数码管静态显示电路图

动态显示：各 LED 数码管的段选线连接在一起，由一个 8 位 I/O 口控制，公共端分别用一根 I/O 线单独控制。动态显示是各 LED 数码管轮流并且一遍一遍地显示各自字符，因人的视觉暂留而使人看到的是所有 LED 同时显示不同字符。为稳定地显示，每个 LED 显示的时间为 1~5ms。

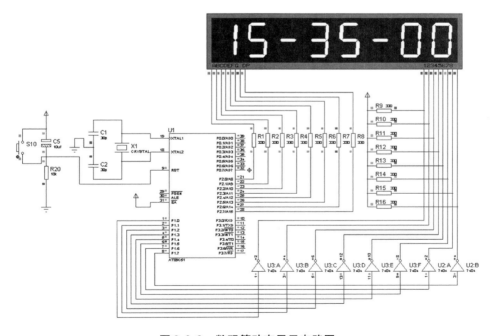

图 8.3.3　数码管动态显示电路图

8.3.4 实验步骤

（1）数码管静态显示实验。

①新建设计文件，设置图纸尺寸，设置网格，保存设计文件。

②选取元器件。从 Proteus 元器件库中选取元器件：AT89C51（单片机）、Button（按键）、CAP（电容）、CAP – ELEC（电解电容）、RES（电阻）、7SEG – COM – CAT – GRN（7 段绿色共阴极数码管）、7SEG – COM – AN – GRN（7 段绿色共阳极数码管）。

③按图 8.3.2 放置元器件和终端并连线。

④设置元器件属性并进行电气规则检测。先右击再单击各元器件，按图 8.3.2 设置元器件的属性值。单击"工具"→"电气规则检查"，完成电气检测。

⑤打开 Keil μVision 软件，添加本实验后面的"数码管静态显示"源程序，编译源程序，生成可执行目标代码"∗.hex"文件，并记录文件的加载路径。

⑥在 Proteus 软件里为单片机加载目标代码文件。参考"7.2.2 实验预备知识"中为单片机添加实验程序的第二种方法，为电路图中的单片机加载上一步骤在 Keil μVision 软件中生成的可执行目标代码"∗.hex"文件。另外，将"Clock Frequency"栏中的频率设为 12MHz。

⑦仿真。单击仿真工具栏"运行"按钮，单片机全速运行程序，观察数码管显示。

⑧修改程序，使 2 只数码管同时显示自己的学号，每次出现一个数字，时间间隔约为 1s。

（2）数码管动态显示实验。

①新建设计文件，设置图纸尺寸，设置网格，保存设计文件。

②选取元器件。从 Proteus 元器件库中选取元器件：AT89C51（单片机）、Button（按键）、CAP（电容）、CAP – ELEC（电解电容）、RES（电阻）、7SEG – MPX8 – CA – BLUE（8 位 7 段蓝色共阳极数码管）、74LS04。

③按图 8.3.3 放置元器件和终端并连线。

④设置元器件属性并进行电气规则检测。先右击再单击各元器件，按图 8.3.3 设置元器件的属性值。单击"工具"→"电气规则检查"，完成电气检测。

⑤打开 Keil μVision 软件，添加本实验后面的"数码管动态显示"源程序，编译源程序，生成可执行目标代码"∗.hex"文件，并记录文件的加载路径。

⑥在 Proteus 软件里为单片机加载目标代码文件。参考"7.2.2 实验预备知识"中为单片机添加实验程序的第二种方法，为电路图中的单片机加载上一步骤在 Keil μVision 软件中生成的可执行目标代码"∗.hex"文件。另外，将"Clock Frequency"栏中的频率设为 12MHz。

⑦仿真。单击仿真工具栏"运行"按钮，单片机全速运行程序，观察数码管显示。

⑧修改程序，使 8 位数码管同时显示自己的学号，可采用右对齐的方式，如20113200010，编程实现显示 13200010。

8.3.5　实验参考程序

（1）数码管静态显示。

```
MOV R0, #0
START:    MOV A, R0
MOV DPTR, #TAB1
MOVC A, @ A + DPTR
MOV P2, A

MOV A, R0
MOV DPTR, #TAB2
MOVC A, @ A + DPTR
MOV P3, A
INC R0
ACALL DELAY
CJNE R0, #10H, START
MOV R0, #0
SJMP START

DELAY:
          MOV   R2, #10
L1:       MOV   R3, #200
L2:       MOV   R4, #250
L3:       DJNZ  R4, L3
          DJNZ  R3, L2
DJNZ R2, L1
RET

;; 共阴极数码管段码
TAB1:
DB 3FH, 06H, 5BH, 4FH, 66H, 6DH, 7DH, 07H, 7FH, 6FH, 77H, 7CH
DB 39H, 5EH, 79H, 71H, 73H, 3EH, 31H, 6EH, 76H, 38H, 00H

;; 共阳极数码管段码
TAB2:    DB 0C0H, 0F9H, 0A4H, 0B0H, 99H, 92H, 82H, 0F8H
DB 80H, 90H, 88H, 83H, 0C6H, 0A1H, 86H, 8EH
DB 8CH, 0C1H, 0CEH, 91H, 89H, 0C7H, 0FFH
```

END

（2）数码管动态显示。

```
MOV 40H, #0F9H
MOV 41H, #92H
MOV 42H, #10111111B
MOV 43H, #0B0H
MOV 44H, #92H
MOV 45H, #10111111B
MOV 46H, #0C0H
MOV 47H, #0C0H


EEE: MOV R1, #8
MOV R0, #40H；动态显示数据首地址
MOV P1, #01111111B
QQQ:    MOV P2, #0FFH
MOV A, P1    ;
RL A
MOV P1, A
MOV P2, @R0
CALL DELAY
INC R0
DJNZ R1, QQQ
JMP EEE


DELAY:    MOV    R2, #1
L1:       MOV    R3, #10
L2:       MOV    R4, #250
L3:       DJNZ   R4, L3
          DJNZ   R3, L2
DJNZ R2, L1
RET


;; 共阳极数码管段码
TAB:
DB 0C0H, 0F9H, 0A4H, 0B0H, 99H, 92H, 82H, 0F8H
```

DB 80H，90H，88H，83H，0C6H，0A1H，86H，8EH

DB 8CH，0C1H，0CEH，91H，89H，0C7H，0FFH

END

8.3.6　思考题

（1）数码管动态显示时，是将各 LED 数码管的段选线连接在一起，由一个 8 位 I/O 口控制，各 LED 数码管轮流并且一遍一遍地显示各自字符，每个字符显示一定的时间。在实验中，这个显示时间由 DELY 延时程序来设定，当大范围地改变延迟时间时，看看数码管的显示发生了什么变化？

（2）在上一道思考题中，为实现正常的动态显示效果，延迟时间与数码管的个数有关吗？

8.4　4×4 矩阵键盘仿真实验

8.4.1　实验目的

（1）掌握键盘和显示器的接口方法与编程方法。

（2）掌握矩阵键盘的使用及键盘扫描程序的设计方法。

（3）掌握软件法按键消抖的原理。

8.4.2　实验要求

完成 4×4 矩阵键盘输入的电路设计，并编写相应程序，使得矩阵键盘中的某一按键按下时，数码管上显示对应的键号，如按下 1 号键时，数码管显示"1"；按下 14 号键时，数码管显示"E"等。同时用另一数码管，记录按下按键的次数，超过 16 次归零重新计数。

8.4.3　实验原理及参考电路

键盘是实现人机交互的主要设备，是应用系统不可缺少的部件。在系统应用中，操作人员可以通过键盘输入指令或数据，实现人机对话。键盘可以分为独立式和行列（矩阵）式两类，每一类又可以根据对按键的译码方式分为编码键盘和非编码键盘两种类型。本实验使用的是非编码的 4×4 矩阵键盘。

键盘输入程序的功能有以下 4 个方面：

（1）判别键盘上有无闭合键。方法是扫描口 P1 口的低 4 位输出全为"0"，读出相应的 P1 口高 4 位的状态，若 P1 口高 4 位全为"1"（键盘上行线全为高电平），则键盘上没有闭合键；若 P1 口的高 4 位不全为"1"，则有键处于闭合状态。CPU 对键盘的扫描可以采取程序控制的随机方式，CPU 空闲时才扫描键盘；也可以采取定时控制方式，每隔一段时间，CPU 对键盘扫描一次；还可以采取中断方式，当键盘上有闭合键时，向 CPU 请求中断，CPU 响应键盘发出的中断请求，对键盘进行扫描，以识别哪一个键处于闭合状态，并对键输入信息做相应处理。CPU 对键盘上闭合键号的确定，可以根据行线的状态计算求得，也可以通过查表求得。

（2）去除键的机械抖动。方法是判别到键盘上有闭合键后，延迟一段时间再判别键盘的状态，若仍有闭合键，则认为键盘上有一个键处于稳定的闭合期，否则认为是键的抖动。

（3）判别闭合键的键号。方法是对键盘的列线进行扫描，由扫描口 P1 口的低 4 位依次输出，按顺序读出相应的 P1 口高 4 位的状态，若 P1 口高 4 位全为 "1"，则列线输出为 "0" 的这一列上没有闭合键，否则这一列上有闭合键。闭合键的键号等于低电平的列号加上低电平的行的首键号。例如，当 P1 口低 4 位的输出为 1101 时，读出 P1 口的高 4 位为 1101，即 1 行 1 列相交的键处于闭合状态，第一行的首键号为 8，列号为 1，那么闭合键的键号为：N = 行首键号 + 列号 = 8 + 1 = 9。

（4）将得到的键值用数码管显示出来。

本实验用 P1 口完成 4×4 矩阵键盘输入，P2 口连接数码管，显示当前按下的键位号；P0 口连接数码管，记录按下按键的次数。参考电路如图 8.4.1 所示。

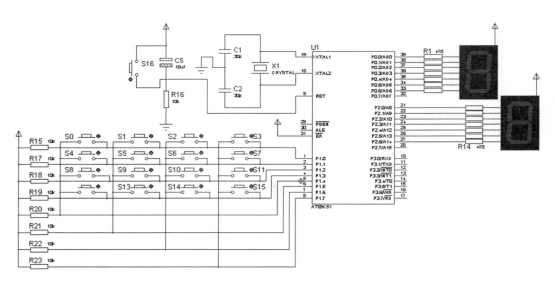

图 8.4.1　矩阵键盘实验电路图

8.4.4　实验步骤

（1）新建设计文件，设置图纸尺寸，设置网格，保存设计文件。

（2）选取元器件。从 Proteus 元器件库中选取元器件：AT89C51（单片机）、Button（按键）、CAP（电容）、CAP – ELEC（电解电容）、RES（电阻）、7SEG – COM – AN – GRN（7 段绿色共阳极数码管）。

（3）按图 8.4.1 放置元器件和终端并连线。

（4）设置元器件属性并进行电气规则检测。先右击再单击各元器件，按图 8.4.1 设置元器件的属性值。单击"工具"→"电气规则检查"，完成电气检测。

（5）打开 Keil μVision 软件，添加本实验后面的参考程序，编译源程序，生成可执行目标代码"∗.hex"文件，并记录文件的加载路径。

（6）在 Proteus 软件里为单片机加载目标代码文件。参考"7.2.2 实验预备知识"中为单片机添加实验程序的第二种方法，为电路图中的单片机加载上一步骤在 Keil μVision 软件中生成的可执行目标代码"∗.hex"文件。另外，将"Clock Frequency"栏中的频率设为 12MHz。

（7）仿真。单击仿真工具栏"运行"按钮，单片机全速运行程序，按不同的按键，观察数码管显示情况。

（8）假设键盘中 S9 损坏，无法正常显示数字 9，修改程序，使得现有矩阵键盘中 S1 到 S10 仍能实现 0 到 9 的数字显示。

8.4.5 实验参考程序

```
; P1 连接 4×4 键盘
; P0 口显示按下按键的次数
; P2 口显示当前按下的键位号


ORG 0000H
MOV R0, #00H
KEY1:    MOV P1, #0F0H    ; 读 P1 口前先写 1
         MOV A, P1    ; 读取键状态
         CJNE A, #0F0H, K11; 判断是否有键按下
K10: AJMP KEY1
K11:     ACALL DELAY
         MOV P1, #0F0H
         MOV A, P1
         CJNE A, 0F0H, K12    ; 消除按键抖动
         SJMP K10
K12:     MOV B, A ; 存列值
         MOV P1, #0FH
         MOV A, P1    ; 读行值
         ANL A, B
         MOV B, A ; 存键码
         MOV R1, #10H
         MOV R2, #0
         MOV DPTR, #K1TAB    ; 键码表首地址
```

```
K14:      MOV A, R2
          MOVC A, @A+DPTR
          CJNE A, B, K16   ; 比较，计算键值
          MOV P1, #0FH
K15:      MOV A, P1
          CJNE A, #0FH, K15   ; 等待按键释放
          MOV A, R2

          MOV DPTR, #TAB
          MOVC A, @A+DPTR
          MOV P2, A
          INC R0
          CJNE R0, #16, QWE
          MOV R0, #0
QWE:      MOV A, R0
          MOVC A, @A+DPTR
          MOV P0, A
K16:      INC R2
          DJNZ R1, K14
          AJMP K10


;; 共阳极数码管段码
TAB:
DB 0C0H, 0F9H, 0A4H, 0B0H, 99H, 92H, 82H, 0F8H
DB 80H, 90H, 88H, 83H, 0C6H, 0A1H, 86H, 8EH
DB 8CH, 0C1H, 0CEH, 91H, 89H, 0C7H, 0FFH


K1TAB:    DB 11H, 21H, 41H, 81H; 键码表
DB 12H, 22H, 42H, 82H
DB 14H, 24H, 44H, 84H
DB 18H, 28H, 48H, 88H


DELAY:    MOV R4, #01H
AA1:      MOV R5, #088H
AA:       NOP
DJNZ R5, AA
DJNZ R4, AA1
RET
END
```

8.4.6　思考题

（1）阅读程序，分析软件消抖是如何实现的。

（2）改变消抖程序中延时的长短，并观察其对按键计数有什么影响。

第9章　综合实验——烧录与制作实验

本章是单片机技术综合实验，主要是编写程序，以及烧录程序、在实验板上验证实验结果，最后是综合设计制作实验。单片机课程是一门实践性很强的课程，通过本章的学习，希望同学们能够设计并制作一个简单而功能完整的单片机应用系统。

9.1　程序烧录实验

9.1.1　实验目的

（1）学会 USB 取电和串行口 USB – 232 ISP 线的物理连接。

（2）学会 STC 串口下载软件 STC – ISP 的安装。

（3）学会利用 STC – ISP 下载软件将事先准备好的 " ∗ . hex" 文件烧写入 STC89C52RC 单片机芯片，观察实验结果。

9.1.2　实验内容

（1）USB 取电和串行口 USB – 232 ISP 线的物理连接。

将 USB 取电方口一头连接实验板方口母座，见图 9.1.1 右侧方框，另一头接电脑 USB，这根 USB 线包含供电、下载程序和串口通信功能，对于用串口下载的芯片（如 STC），只用这一条连接线即可。在方口母座旁边还有 USB 转 232 串口线，需要时可用 9 芯一头接实验板 RS232 母座，另一头接电脑 USB，见图 9.1.1 左侧圆形框。

图 9.1.1　实验板与电脑连接图

（2）安装驱动程序。

将 USB 线插入电脑，打开电源后会提示如图 9.1.2 所示的信息，可以选择手动安装驱动程序，点击"取消"。

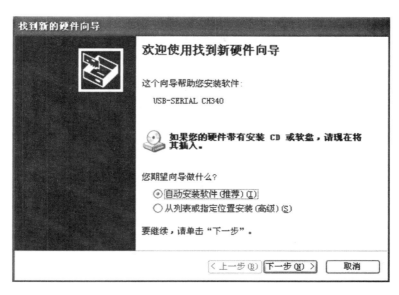

图 9.1.2　安装驱动程序的提示框

在驱动程序文件夹里找到 USB – SERIAL CH340 的驱动程序 CH341SER，双击之后，出现如图 9.1.3 所示的安装界面。

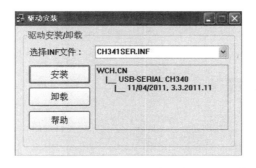

图 9.1.3　USB – SERIAL CH340 的驱动程序的安装界面

点击"安装"，USB – SERIAL CH340 的驱动程序就会自动安装完成。这些驱动安装一次后，下次实验板再接入电脑时，电脑会自动检测到新硬件，并分配 COM 口。驱动安装完成后，在桌面右键单击"我的电脑"，在弹出的菜单中，选择"管理"，如图 9.1.4 所示。

图9.1.4 "我的电脑"右键菜单

在出现的计算机管理界面中，展开目录，选择"系统工具"下面的"设备管理器"。展开"端口"（COM 和 LPT），出现 USB – SERIAL CH340（COM6），如图 9.1.5 所示。（注意：COM6 是随机的，会根据插入 USB 设备的情况而改变，也有可能是 COM1 或 COM3）

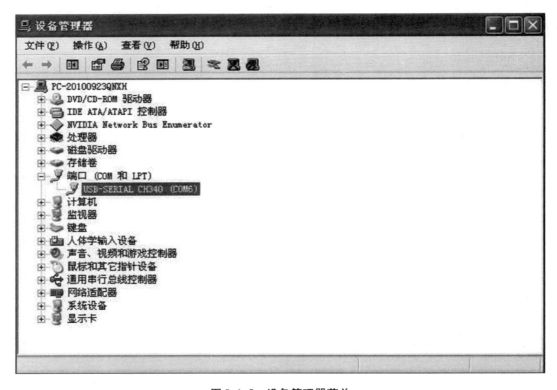

图9.1.5 设备管理器菜单

双击"USB – SERIAL CH340（COM6）"，出现如图9.1.6所示的"USB – SERIAL CH340（COM6）属性"窗口。

图9.1.6 USB – SERIAL CH340（COM6）属性

选择"端口设置"，看到每秒位数为9 600。注意：USB – SERIAL CH340（COM6）属性只用来查看，它提供了两条信息：通信口为COM6，每秒位数为9 600。这些在后面下载程序的时候会用到。

（3）利用STC – ISP V4.83A下载软件将事先准备好的"＊.hex"文件烧写入STC89C52RC单片机芯片，在文件夹中找到并打开STC – ISP软件，出现自解压安装界面，如图9.1.7所示。如果不能正常打开请去官方网站（http：//www.stcmcu.com/）下载其他版本来安装。双击打开STC非安装版的压缩文件，解压到指定文件夹（记住文件夹的路径）。

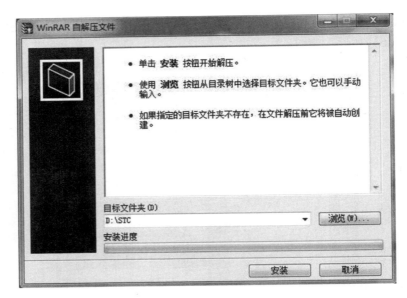

图 9.1.7　STC – ISP 软件自解压安装界面

　　找到相应的文件夹，找到如图 9.1.8 所示图标，双击打开 STC_ISP_V483.exe 可执行文件，或者建立桌面快捷图标。如果双击后无反应或屏幕闪一下后无反应，说明软件不能打开或缺少插件，这一般是电脑系统不能兼容所导致的，可去 STC 官方网站下载安装版本。

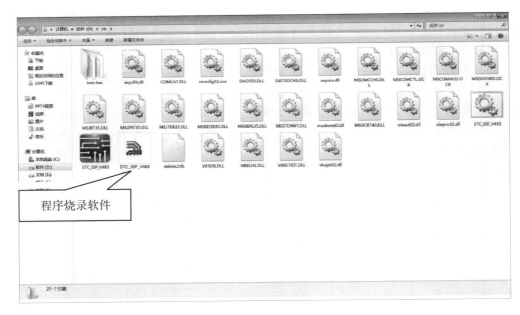

图 9.1.8　STC – ISP 软件图标

找到 STC – ISP V483，双击鼠标左键运行它，出现下面窗口。

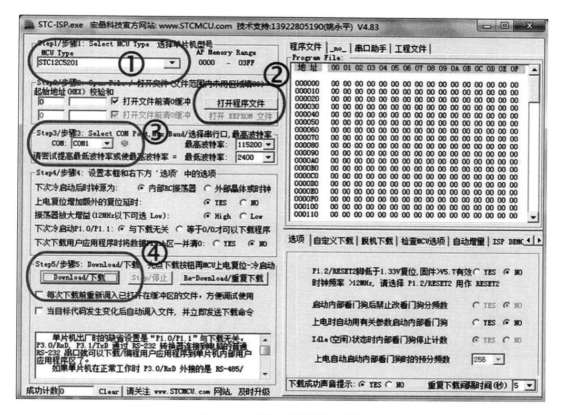

图 9.1.9　STC – ISP V483 界面

第一次下载主要设置四个步骤：

①选择芯片型号，必须与实验板上单片机型号对应（主板上锁紧座上的就是单片机）。如果下载软件中没有对应型号，请去 STC 官网下载最新版本。这里以 STC89C5xRC/RD + 为例。先从 step1 后下拉框里选中 STC89C5xRC/RD + 芯片。

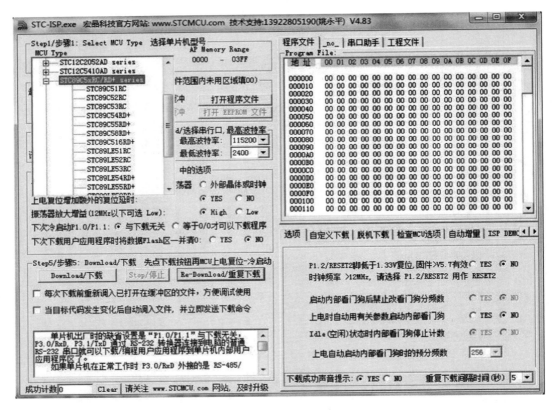

图 9.1.10　选择芯片类型

②打开需要烧录的"∗.hex"文件。点击"Open file/打开文件"，找到存放"∗.hex"的文件夹（例如：流水灯 1.hex），如图 9.1.11 所示，选中文件后返回。

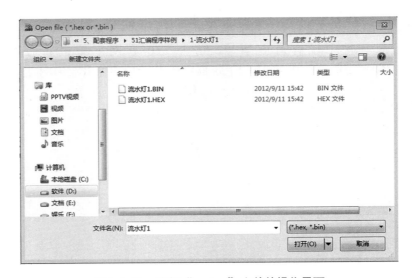

图 9.1.11　添加"∗.hex"文件的操作界面

③选择对应的 COM 口，即安装驱动程序时虚拟出来的 COM 口（到电脑设备管理器查看）。

④点击"下载"，稍等片刻打开电源，等待下载完成。这一步的操作顺序非常重要，一般要求冷启动，即点击"下载"按钮前实验板电源是关闭的，点击"下载"按钮，大约 2s 后，接通实验板电源。出现蓝色进展条并有提示音表示下载成功。

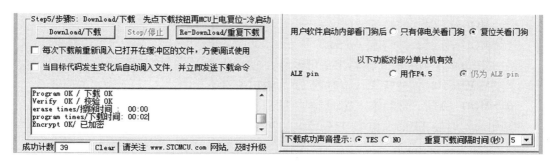

图 9.1.12　程序下载成功的提示

如果不成功，请依次检查以下四点：a. 检查第④步开关顺序是否正确：最后一步下载的时候，需要关闭电源再通电，这是 STC 单片机下载区别于并口 AT89S52 下载的特殊地方；b. 检查串口序号选择是否正确：COM 口根据不同电脑的不同 USB 插孔会发生变化，所以需要到设备管理器查看后再下载；c. 检查有没有放上晶振以及晶振是否已经插紧；d. 检查底座上的单片机芯片是否放置端正（不要放偏）。

下载完成后并不能马上看到实验效果，需要按照每个实验连接对应的杜邦线才能看到程序运行效果。

9.2　单片机与 PC 机串口通信实验

9.2.1　实验目的
（1）掌握串行口的控制与状态寄存器 SCON。
（2）掌握特殊功能寄存器 PCON。
（3）掌握串行口的工作方式及其设置。
（4）掌握串行口波特率（Baudrate）的选择。

9.2.2　实验要求
（1）编写程序，实现 PC 机发送一个字符给单片机，单片机接收后在单个数码管上进行显示。
（2）将程序烧录至单片机，连接好杜邦线，在实验箱上运行程序。

9.2.3 实验原理

89C51 单片机串行通信的波特率随串行口工作方式的不同而不同，除与振荡频率 f、电源控制寄存器 PCON 的 SMOD 位有关外，还与定时器 T1 的设置有关。

在工作方式 0 时，波特率固定，仅与系统振荡频率有关，其大小为 $f/12$。

在工作方式 2 时，波特率只固定为以下两种情况：

当 SMOD = 1 时，波特率 = $f/32$；

当 SMOD = 0 时，波特率 = $f/64$。

在工作方式 1 或 3 时，波特率是可变的：

当 SMOD = 1 时，波特率 = 定时器 T1 的溢出率/16；

当 SMOD = 0 时，波特率 = 定时器 T1 的溢出率/32。

其中，定时器 T1 的溢出率 = $f/[12 \times (256 - N)]$，N 为 T1 的定时时间常数。

9.2.4 实验步骤

（1）打开 Keil μVision 软件，编写串口通信实验程序（可参考本实验后面的参考程序进行编写），编译源程序，生成可执行目标代码"∗.hex"文件，并记录文件的加载路径。

（2）将程序烧录到单片机。按照实验 9.1 介绍的方法，将步骤（1）中生成的"∗.hex"文件烧录到单片机中。

（3）连接导线。用 8 针杜邦线连接 P1 口和单个共阳极数码管，更换 11.059 2M 晶振（这点不能出错，否则数码管会出现乱码）。

（4）串口调试。点击"STC – ISP V483"软件，打开右上方的"串口助手"，设置 COM 口使其与设备管理器中 USB – SERIAL CH340 的 COM 口相同，波特率为 9 600bit/s，帧格式为 8 个数据位，1 个停止位，无奇偶校验。在发送栏输入任意数字或字符串，点击"发送"，接收区能接收到相同的信息，同时在数码管上会显示相应的数字。注意发送格式与接收格式必须相同，都是字符或者都是十六进制格式。

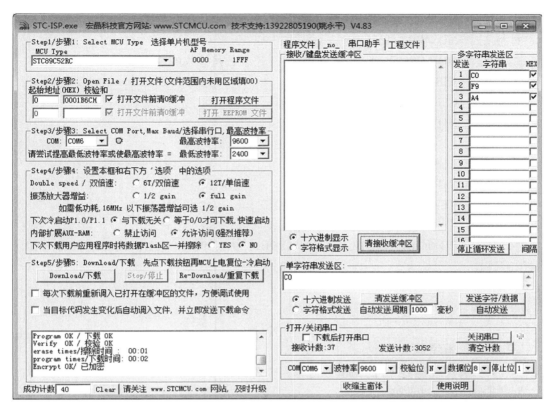

图 9.2.1　串口助手调试界面

9.2.5　实验参考程序

```
              ORG 0000H
              AJMP MAIN
              ORG 0023H
              AJMP RECEIVE              ；跳转到接收中断入口
              ORG 0030H
MAIN：        MOV TMOD, #20H            ；T1 工作方式 2
              MOV TH1, #0FDH            ；波特率 9 600
              MOV SCON, #50H            ；传口工作方式 1，允许中断接受
              SETB EA                   ；打开总中断
              SETB ES                   ；打开串口中断
              SETB TR1                  ；打开定时器 1
              AJMP $
RECEIVE：
              CLR RI
```

```
                    MOV A，SBUF                        ; 串口接收数据
                    MOV R0，A
                    MOV SBUF，A                        ; 将接收的数据再传送给计算机
                    JNB TI，$
                    CLR TI
                    MOV A，R0

                    ; 送 LED 显示
                    MOV P1，A
                    RETI
```

TAB： DB 0C0H，0F9H，0A4H，0B0H，99H，92H，82H，0F8H，80H，90H；
共阳字码表

```
    END
```

9.2.6　思考题

（1）波特率发生器 T1 的初值如何得到？若波特率改为 4 800bit/s，程序以及串口助手调试时应做哪些改变？

（2）在 STC－ISP V483 软件中，如何实现 8 个十六进制代码的自动连续输出（代码之间的时间间隔为 1.5s）？

9.3　简单 I/O 口扩展实验

9.3.1　实验目的

（1）熟悉 74LS273、74LS244 的应用接口方法。

（2）掌握用锁存器和三态门扩展简单并行输入、输出接口的方法。

9.3.2　实验内容

（1）利用 74HC244 对单片机做扩展输入、74HC273（8D 锁存器）做扩展输出，用 LED 显示输出状态。

（2）编写并调试程序，将程序烧录在单片机上，在实验箱上连线后检查实验结果。

9.3.3　实验原理

74 系列 TTL 电路或 4000 系列 CMOS 电路芯片常用于并行数据的输入或输出。本实验采用 74HC244 做扩展输入、74HC273（8D 锁存器）做扩展输出。89C51/S51 单片机

把外扩 I/O 口和片外 RAM 统一编址，每个扩展的接口相当于一个扩展的外部 RAM 单元，访问外部接口就像访问外部 RAM 一样，用的都是 MOVX 指令，并产生 RD（或 WR）信号。用 RD/WR 作为输入/输出控制信号。

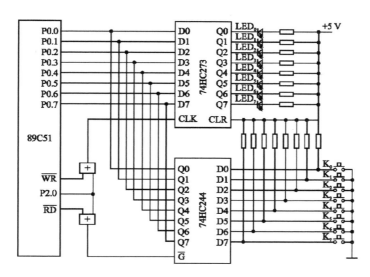

图 9.3.1　利用 74HC244 和 74HC273 进行 I/O 口扩展的电路图

　　P0 口为双向数据线，既能从 74HC244 输入数据，又能将数据传送给 74HC273 输出。输出控制信号由 P2.0 和 WR 合成。当两者同时为 0 电平时，"或"门输出 0，将 P0 口数据锁存到 74HC273，其输出控制着发光二极管 LED。例如，当某线输出 0 电平时，该线上的 LED 发光。

　　输入控制信号由 P2.0 和 RD 合成。当两者同时为 0 电平时，"或"门输出 0，选通 74HC244，将外部信号输入总线。无键被按下时，输入全为 1；若按下某键，则所在线输入为 0。输入和输出都是在 P2.0 = 0 时有效，74HC244 和 74HC273 的地址都为 FEF-FH（实际只要保证 P2.0 = 0，其他地址位无关），但由于其分别是由 RD 和 WR 信号控制的，因此，不会发生冲突。

9.3.4　实验步骤

　　（1）打开 Keil μVision 软件，编写实验程序（可参考本实验后面的参考程序进行编写），编译源程序，生成可执行目标代码 "*.hex" 文件，并记录文件的加载路径。

　　（2）将程序烧录到单片机。按照装实验 9.1 介绍的方法，将步骤（1）中生成的 "*.hex" 文件烧录到单片机中。

　　（3）在实验箱上，用 8 芯线将 74HC244 的输出 D0 ~ D7 分别接至开关 K0 ~ K7，将 74HC273 的输出 Q0 ~ Q7 分别接至发光二极管 LED0 ~ LED7，用双头线将 74HC244 的选通线 CS1 接至 8 000 孔，将 74HC273 的选通线 CS2 接至 9 000 孔，将 P2.0 与单片机的 WR、RD 管脚相连。

（4）按动开关 K0～K7，观察发光二极管 LED0～LED7 是否已对应点亮。

9.3.5　实验参考程序

```
ORG 0000H
LJMP GOD0
ORG 0080H
GOD0：MOV DPTR，#8000H          ；取出 244 状态
    MOVX A，@ DPTR
    MOV DPTR，#9000H          ；送 273 驱动发光二极管
    MOVX @ DPTR，A
    SJMP GOD0
    END
```

9.3.6　思考题

试根据电路图和参考程序，解释 89C51 是如何实现对 74HC244 和 74HC273 两个芯片的访问的。

9.4　基于 STC 单片机综合控制系统的设计与制作

9.4.1　实验目的

（1）加深理解 STC 单片机系统的硬件结构。

（2）熟练掌握并口串口、中断系统及定时器/计数器的功能和使用方法。

（3）可以进行基于 51 系列芯片的扩展功能的设计。

（4）能够开发出简单却完整的应用系统。

9.4.2　实验要求

要求学生完成单片机系统的设计和制作，包括硬件和软件部分，参考题目见附录，原则上每人一题。

1. 设计方法

（1）分析题目，建立模型，给出系统设计结构图。

（2）按照结构图在 Proteus 软件中进行分模块电路设计和编程，并理论预期分模块电路的设计结果，给出全系统电路。

（3）对各单元器件进行选型，并联系商家以确定是否可以购买到相关型号的器件，确保电路设计和实际使用的电子器件一致。

（4）利用实验室的相关设备验证各分单元线路是否能正常工作。

（5）组装电路，按照理论推算逐个分单元电路调试，完成实物制作。

（6）实际使用，总结设计经验。

2．设计要求

（1）按题目要求的功能进行设计，电路各个组成部分需有设计说明。

（2）全电路元器件的选择必须有依据。

9.4.3　实验教学形式

1．设计安排

先组织学生选题，严格要求每班不能有 10% 以上的同学选择同一道题目，学生自行进行相关的设计和制作，提交设计报告（电子版或纸质版）、制作的实物，答辩验收。

2．指导与答疑

学生有疑难问题可找教师答疑。学生可充分发挥主观能动性，不应过分依赖教师。

3．设计的考评

设计全部完成后，需经教师验收。验收时学生要讲述自己设计电路的原理和仿真情况，还要演示硬件的实验结果。教师根据学生设计电路过程的表现和验收情况给出成绩。

9.4.4　课程设计报告的内容和要求

1．课程设计报告的内容

设计题目	
设计要求	
设计过程（分模块给出原理图，分别说明各模块、各元器件的选择依据）	包括设计方案、上机设计与仿真结果、硬件实验方案
设计图示（最终系统图、硬件图、结果图）	

（续上表）

设计题目	
设计要求	
设计心得及建议	
成绩评定	（包括指导教师评语和课程设计等级）

2. 课程设计报告编写的基本要求

（1）按要求的格式书写，所有的内容一律打印出来。

（2）报告内容包括设计过程、软件仿真结果及分析、硬件仿真结果及分析。

（3）要有整体电路原理图、各个模块原理图、各个模块各个元器件的选择依据、各个模块电路的原理分析，还要附上源程序。

（4）软件仿真包括各个模块的仿真和整体电路的仿真，对仿真必须要做出必要的说明。

（5）对设计结果进行探讨，并提出建议，说明心得体会。

9.4.5　实验参考题目及要求

以下题目仅供同学们参考，同学们可根据自己的兴趣爱好和制作能力选取，也可自设题目，答辩时会根据题目难易程度、作品完成情况等多个因素进行评分考核。

（1）LED 灯编号"0、1、2、3、4、5、6、7、8、9"。按本人学号顺序循环点亮 LED 灯。每个 LED 灯每次点亮的时间大致设为 1s。如：本人学号为"20103200040"。设置程序，先点亮编号为 2 的 LED，再点亮编号为 0 的 LED……以此类推，显示完最后一个学号后，进入下一轮显示。依次循环显示。

（2）单个数码管循环显示本人学号。设置每个数字显示时间大致为 1s。如：本人学号为"20103200040"。设置程序，先控制数码管显示数字 2，延时 1s，再控制显示数字 0，延时 1s……以此类推，显示完最后一个学号后，显示字母 P，进入下一轮显示。依次循环显示。

（3）自行焊一个 3×5 的 LED 点阵。用以依次循环显示自己的学号。每个数字显示时间大致为 1s。如：本人学号为"20103200040"。设置程序，先控制 LED 点阵显示数字 2（就是点阵中亮的 LED 灯，构成一个数字 2 的形状），延时 1s，再控制显示数字 0，延时 1s……以此类推，显示完最后一个学号后，进入下一轮显示。依次循环显示。

（4）模拟火灾报警系统。两个按键，一个蜂鸣器，一个红 LED 灯，一个白 LED 灯。当按键 1 被按下时，只亮白 LED 灯；当按键 2 被按下时，红 LED 亮，蜂鸣器响。

（5）篮球计分器。两个数码管，三个按键（按键 1、2、3）。三个按键各自连接单片机的 3 个管脚。按下按键 1，数码管显示的两位十进制数加 1；按下按键 2，数码管显示的两位十进制数加 2；按下按键 3，数码管显示的两位十进制数加 3。

（6）速度表。对脉冲进行计数，一个脉冲代表 1m。经运算后，速度值用两个数码管按单位 km/h 显示出来。

（7）10 以内的两位数加减法器（减法只做大数减小数的功能）。十个数字按键分别代表数字"0~9"，一个加法键，一个减法键，一个等于键，两个数码管。如执行加法"9+1=10"，先按下代表 9 的键，接着按下加法键，再按下代表 1 的键，最后按下等于键，最后由数码管显示出结果 10。

（8）抢答器。八个按键，一个数码管。按键编号为"1~8"。抢答功能：当有一个按键被按下时，由数码管显示出对应按键的编号，并不再响应其他按键。另外加多一个功能键，当不再响应编号为"1~8"的键时，按下此键，当再有编号为"1~8"的键被按下时，又能实现抢答功能。

（9）模拟考勤系统。实现 8 个人的考勤功能。八个一般键，一个功能键，一个数码管。将一般键编为"1~8"号。当按下功能键后 10s 内，检测一般按键，10s 后，结束检测，并用数码管循环显示被按下的键的编号。

（10）两个人一组，一个做红外发射，一个做红外接收。将一个十进制数转换成二进制数，由红外发射，然后由另一方进行接收，读出二进制信息，再转化为十进制显示。

（11）基于 ADC0809 的 0~5V 数字电压表设计。要求：用 51 单片机作为主控芯片；用 ADC0809 芯片采集外部电压；ADC0809 的通道 1 接电位器，通过调节电位器来调节输入电压，演示测量功能；ADC0809 的通道 2 接万用表表笔，测量外部电压；显示器用 LCD1602 分别显示两个通道的电压值。

（12）火灾报警系统设计。要求：采用 51 单片机作为主控芯片；采用火焰传感器对火焰进行检测，传感器信号经放大等处理接入单片机；单片机接收到火灾信号后，驱动音乐芯片发出火警指示音进行报警。

（13）基于 51 单片机的 16×32 点阵显示设计。要求：设计一个基于 51 单片机的 16×32 点阵屏，能够实现 2 个字的静态显示、滚屏显示等。

（14）无线温度采集系统。要求：应用 51 单片机和 NRF24L01 无线传输模块设计一个无线温度采集系统，系统分为 1 个采集板和 1 个监控板；采集板上配置 DS18B20 温度传感器来采集环境温度，并通过 NRF24L01 无线发送到监控板进行显示；采集板和监控板距离为 0~20m；监控板显示器采用 4 位数码管实时显示采集温度值。

（15）体育场短跑计时器。要求：通过按键启动计时，精度为 0.1s；终点采用激光管检测环形跑道的运动员跑一圈的时间，可同时检测多个运动员；用按键切换各个运动员通过终点的时间。

（16）直流电机调速器。要求：用 51 单片机产生 PWM 信号，用 L298N 驱动芯片驱动 5V 直流电机，驱动速度分为 5 级；当前转动速度显示在数码管上，可通过按键来调整转动速度和方向。

（17）电子万年历。要求：用 51 单片机 + DS1302 + LCD1602 + 18B20 组成的实时时钟与万年历，具有掉电走时功能；通过按键可设置闹钟和显示温度。

（18）无线遥控小车。要求：用射频遥控器无线控制小车前后左右移动。

（19）电蚊香自动控制器。要求：采用 51 单片机，显示器用 LCD1602，系统配有 DS1302 实时时钟芯片，支持掉电走时；用户可预设开启和关闭电蚊香的时间，用户设定的时间保存在 24C02 中，系统按照用户设定的时间自动开启和关闭电蚊香。

（20）超声波测距仪。要求：本课题设计一个超声波测距仪，用 51 单片机和超声波收发探头，是一个无线手持测距设备，可测量 3m 以内的距离，用数码管显示距离。

（21）无线遥控门铃。要求：系统采用具有编码功能的射频无线收发模块，收发距离 10m 左右，可以穿透障碍物；接收端收到按键按下的信号时，发出一段悦耳的音乐，音乐信号由单片机编程发出，音乐持续响 10s 后自动停止。

（22）厨房定时器。要求：日常生活中熬个汤、煮个蛋等都需要预设一定的时间，设计一个厨房定时器，用户预设倒计时的时长；启动后系统开始倒计时，当时间为 0 时，启动蜂鸣器报警。

（23）交通灯系统。要求：模拟十字路口交通灯系统，有南北、东西方向的红黄绿灯，并且有数码管显示倒计时。

参考文献

［1］杨旭峰，刘岩涯. 通信原理应用实践指导［M］. 哈尔滨：哈尔滨工程大学出版社，2008.

［2］樊昌信，宫锦文，刘忠成. 通信原理及系统实验［M］. 北京：电子工业出版社，2007.

［3］王福昌，潘晓明. 通信原理实验［M］. 北京：清华大学出版社，2014.

［4］杨宇红，田砾. 通信原理实验教程——基于 NI 软件无线电教学平台［M］. 北京：清华大学出版社，2015.

［5］达新宇，陈校平，邱伟，等. 通信原理实验与课程设计［M］. 北京：北京邮电大学出版社，2009.

［6］沈保锁，粟田禾，潘勇，等. 现代通信原理实验教程［M］. 天津：南开大学出版社，2010.

［7］弓云峰，崔得龙，张涛. 数字通信原理实验指导［M］. 北京：中国石化出版社有限公司，2013.

［8］邬春明. 通信原理实验与课程设计［M］. 北京：北京大学出版社，2013.

［9］何文学，景艳梅，侯德东. 现代通信原理实验及仿真教程［M］. 北京：科学出版社有限责任公司，2016.

［10］刘佳，许海霞，陈宁夏，等. 通信原理实验教程［M］. 广州：中山大学出版社，2016.

［11］蒋青，于秀兰，王永，等. 通信原理学习与实验指导［M］. 北京：人民邮电出版社，2012.

［12］王庆有. 光电信息综合实验与设计教程［M］. 北京：电子工业出版社，2010.

［13］张毅刚，杨智明，付宁. 基于 Proteus 的单片机课程的基础实验与课程设计［M］. 北京：电子工业出版社，2012.

［14］司朝良. 基于 CPLD 的占空比为 50% 的分频器［N］. 电子报，2001 - 08 - 12.

［15］游善红，郝素君，殷宗敏，等. 单模光纤中弯曲损耗的测试与分析［J］. 光子学报，2003，32（4）.

［16］周建华. 光纤通信眼图的理论教学与实验教学［J］. 实验科学与技术，2007，5（5）.

［17］毕卫红，张力方，祝亚男. 基于 OptiSystem 的波分复用性能的仿真研究［J］. 光通信技术，2009，33（1）.

［18］韩力，李莉，卢杰. 基于 OptiSystem 的单模光纤 WDM 系统性能仿真［J］. 大学物理实验，2015，28（5）.

［19］柯贤文，王星全，王庆辉，等. 基于 OptiSystem 的微波光纤通信系统仿真与性能分析［J］. 半导体光电，2011，32（6）.

［20］光纤通信系统传输及性能测试实验［EB/OL］.［2012 - 12 - 26］. http：// wenku. baidu. com/link？url = bjZha3V733jVOLEtsPPEkHSDzb - UpI90BEJFqpXB3AhwLsc Kfi0Z7I2jx6Gx MPZOupwJ - mTtFAaOU2875NAmaRfQUDszHXK8VCS - y2ZWk4i.

［21］蔡骏. 单片机实验指导教程［M］. 合肥：安徽大学出版社，2008.

［22］江力，蔡骏，王艳春，董泽芳. 单片机原理与应用技术［M］. 北京：清华大学出版社，2010.

［23］上海朗译电子科技有限公司. 德飞莱 LY -51S 用户使用说明书 V2. 33.

［24］启东计算机总厂有限公司. DICE - 5120K 新型单片机综合实验仪实验指导书.

［25］李朝青，刘艳玲. 单片机原理与接口技术［M］. 北京：北京航空航天大学出版社，2013.

［26］单片机实验（仿真版）指导书［EB/OL］.［2013 - 07 - 01］. https：//wenku. baidu. com/view/cccffcee0242a8956bece4ff. html.

［27］顾筠. 单片微型计算机原理及应用学习指导及实验［M］. 南京：东南大学出版社，2004.